朝倉物理学選書
5

鈴木増雄・荒船次郎・和達三樹 編集

連続体物理

佐野　理 著

朝倉書店

編　者

鈴木増雄　東京大学名誉教授・東京理科大学教授
荒船次郎　大学評価・学位授与機構特任教授・東京大学名誉教授
和達三樹　東京理科大学教授・東京大学名誉教授

「朝倉物理学選書」刊行にあたって

　2005年は，アインシュタインが光量子仮説に基づく光電効果の説明，ブラウン運動の理論および相対性理論を提唱した年から100年後にあたり，全世界で「世界物理年」と称しさまざまな活動・催し物が行われた．朝倉書店から『物理学大事典』が刊行されたのもこの年である．

　『物理学大事典』(以降，大事典とする)は，物理学の各分野を大項目形式で，できるだけ少人数の執筆者により体系的にまとめられ，かつできるだけ個人的な知識に偏らず，バランスの取れた判りやすい記述にするよう留意し編纂された．

　とくに基礎編には物理学の柱である，力学，電磁気学，量子力学，熱・統計力学，連続体力学，相対性理論がそれぞれ一人の執筆者により簡潔かつ丁寧に解説されており，編者と朝倉書店には編集段階から，いずれはこれを分けて単行本にしては，という思いがあった．刊行後も読者や執筆者からの要望もあり，まずはこの基礎編を，大事典からの分冊として「朝倉物理学選書」と銘打ち6冊の単行本とすることとした．単行本化にあたっては，演習問題を新たにつけ加えたり，その後の発展や図を加えたりするなどして，教科書・自習書としても活用できるようさらに充実をはかった．

　分冊化によって，持ち歩きにも便利となり若い学生にも求め易く手頃なこのシリーズは，大学で上記教科を受け持つ先生方にもテキストとしてお薦めしたい．また逆に，この「朝倉物理学選書」が，物理学全分野を網羅した「大事典」を知るきっかけになれば幸いである．この6冊が好評を得て，大事典からさらなる単行本が生み出されることを期待したい．

編者　鈴木増雄・荒船次郎・和達三樹

はじめに

　本書は『物理学大事典』(朝倉書店，2005) を分冊するにあたり，多少の加筆修正を加えたものである．「事典」では限られた紙数で多くの情報を提供するという趣旨から，詳細な説明や式の導出などは極力省く方針で書いている．それは，連続体物理の成果を単なる情報として必要な読者やすでにある程度の予備知識をもっている読者の備忘録的な観点からの活用を念頭に置いていたことによる．

　分冊にあたり，こうした読者の要求に応えるとともに，もう少し深く知りたいと思う読者の手助けともなるように記述内容を補強したいと思った．ただし，類書が多々ある中でまた同じスタイルの書籍を世に送るのには躊躇せざるをえない気持ちがあった．そこで，新しい試みとして読者との双方向性をこれまでよりも高めることはできないだろうかと考えた．一つの方法として，若い世代の人たちがパソコン画面に向かって学習している姿を思い起こしてみた．そこでは，特定の記事を読み進むときに分からない言葉が出てくるとそれをクリックし，それらの内容が理解できた後に本文に戻って先を読み進むことを繰り返している．

　書籍でそれをそのまま実行するのは困難であるが，それに近いものとして，疑問や不安を感じそうな箇所に質問や補足を脚注の形で差し挟んでみることにした．何が疑問点に該当するかは個人差もあり必ずしも一意的ではないが，筆者が通常の授業やゼミなどで学生から質問を受ける箇所にはかなり共通性があるように思う．その一因は，昨今の高校・大学でのカリキュラムの変化によるものや情報洪水の中で知識のネットワークが見えにくくなっていることにもあるように思う．その多くは数学的な予備知識，と

りわけベクトル解析に関連するものが含まれているので，本書では付録として1つの章に集めてみた．ただし，数学書としてではなく，物理現象や幾何学的な実体を記述するための道具として導入したものであり，厳密性にはこだわらず，"使ってみて納得できればよい"という程度の記述に留めてある．

本書を通して通奏低音のように流れている主張は，少ない知識であっても，それを縦横につなぎ合わせた体系として身につけることができれば，問題解決のための生きた道具として活用できるはずであるということにある．このように考え，当初の「事典」の部分の簡素な記述はほぼそのまま残し，疑問に持ちそうな箇所や数式で不安を感じそうなところに注意を喚起し，必要に応じて解答を参照してもらう方法をとった．質問に答えることにより個々の知識の縦のつながりを深め，また類似の問や補注に対しては同じ解答箇所を参照することにより横断的な応用能力を培ってほしいとの期待も込めている．

書き上げた原稿を見ると，なかなか所期の目標も「言うは易く，行うは難し」の感がある．読者の忌憚のないご意見をいただき今後の改善に活かせれば幸いである．

2008年4月

佐野　理

目　　次

0 章　歴史と意義	1
1 章　弾性体の運動	7
1.1　弾性体の変形	7
1.1.1　単純な変形	7
1.1.2　弾性体の棒のねじれ	8
1.1.3　弾性体の棒の曲げ	9
1.1.4　梁のたわみ	11
1.1.5　座　屈	12
1.1.6　弾性体の変形の一般論	14
1.2　応力テンソル	15
1.3　弾性定数	18
1.3.1　結晶と弾性テンソル	19
1.3.2　等方性物質の弾性テンソル	20
1.3.3　ラメの定数と E, σ, G	20
1.4　運動方程式	22
2 章　弾性波	25
2.1　平面波	25
2.2　3 次元の弾性波	26
2.3　自由境界における反射	27
2.3.1　縦波が入射した場合	28
2.3.2　横波が入射した場合	29

3章　流体の運動　　31

- 3.1　圧力と粘性率 31
- 3.2　応力とひずみ速度 34
- 3.3　基礎方程式 36
  - 3.3.1　質量保存則（連続の方程式） 36
  - 3.3.2　運動量保存則 37
  - 3.3.3　エネルギー保存則 39
  - 3.3.4　境界条件 40
- 3.4　レイノルズの相似則 41

4章　いろいろな流れ　　45

- 4.1　ポアズイユ流 45
- 4.2　低レイノルズ数の流れ 46
- 4.3　境界層近似 48
- 4.4　物体にはたらく抵抗 51
- 4.5　乱流 52
- 4.6　オイラー方程式とベルヌーイの定理 54
  - 4.6.1　渦による表面の凹み 56
  - 4.6.2　トリチェリ (Torricelli) の定理 56
  - 4.6.3　ピトー (Pitot) 管 57
  - 4.6.4　マグナス (Magnus) 効果 58
- 4.7　渦定理 58
- 4.8　渦なし運動とポテンシャル問題 59
  - 4.8.1　一様流 60
  - 4.8.2　湧き出し・吸い込み 60
  - 4.8.3　半無限物体を過ぎる流れ 61
  - 4.8.4　ランキンの卵型 62
  - 4.8.5　2重湧き出し 63

目　次

- 4.9　2次元の渦なし流 63
  - 4.9.1　一様流 65
  - 4.9.2　角をまわる流れ 65
  - 4.9.3　渦糸による流れ 66
  - 4.9.4　湧き出しによる流れ 67
  - 4.9.5　2重湧き出しによる流れ 67
  - 4.9.6　一様流中に静止する円柱 68
  - 4.9.7　一様流中に静止する円柱で循環を伴う場合 69
  - 4.9.8　円柱にはたらく力 70
  - 4.9.9　平板を過ぎる一様流と飛行の理論 70
  - 4.9.10　ブラジウスの公式 71
- 4.10　渦度と循環 72
- 4.11　湧き出し分布・渦度分布による流れ 75
- 4.12　水面波 76

付録　よく使うベクトル解析の関係式　81

- A.　ベクトルの演算 ... 81
- B.　勾　配 83
- C.　発　散 84
- D.　ガウスの定理 ... 87
- E.　回　転 88
- F.　ストークスの定理 .. 90
- G.　ナブラを含む演算 .. 91
- H.　テンソルのイメージ　93
- I.　等方性テンソル ... 95
- J.　方向余弦 97
- K.　曲率と曲率半径 ... 97

参考文献　99

演習問題の解答　101

索　引　123

0章
歴史と意義

　我々のまわりにある固体では，通常微小とみなせる $1\mu\mathrm{m}^3$ という体積の中だけでも 10^9 個程度の粒子が，また，標準状態 ($0°\mathrm{C}$, 1 気圧) の気体でも同体積中に約 3×10^7 個もの分子が含まれている．このように比較的小さな領域でさえ，そこで取り扱わなければならない粒子の数は途方もなく大きい．これらを質点系とみなしコンピューターによってニュートンの運動方程式を連立させて解く方法もあるが，近年のコンピューターの記憶容量の拡大と演算の高速化にもかかわらず，取り扱える粒子の数にはまだ隔たりがある．一方，そのような対象に対して我々の知りたい物理量，たとえば密度，速度，圧力，温度などは，ある空間的なスケールにわたっての平均量であることが少なくない．このような場合には，仮に個々の構成要素のもつ情報が正確に計算できたとしても，その大部分の情報は不必要となるばかりでなく，そうした情報洪水の中から必要な描像を得るための障害になる危険すらある．そこでミクロに見れば"離散的に分布している質点の集合"を適当な領域内でぬりつぶし，そこでは"その平均の値をもった媒質が連続的に分布している"とみなすマクロな見方が意味をもってくる．このように，理想化された媒質を連続体 (continuum) とよぶ．
　弾性体や流体は連続体の代表例である．ばねやゴムのように力を加えれば変形し，その力を取り除けばもとの状態に戻る性質を弾性 (elasticity)，またこのような性質をもつ物質を弾性体 (elastic body) とよぶ．英語の表現は「もとに戻る」という意味のギリシャ語 $\dot{\varepsilon}\lambda\alpha\acute{\upsilon}\nu\omega$ から，また漢語の「弾」

は弓や琴の弦をハジク,鉄砲の弾を発射する,あるいはハネカエスという意味から当てられたと思われる.これに対して,水や空気のように自由に形を変えて流れる (flow) ことのできる物質を流体 (fluid) という.漢語の「流」や英語の "flu-" は水の流れるような滑らかな動きやその結果としての広がりを意味している.

連続体近似の妥当性は,扱う現象のスケール L による.もし,L が分子間距離 L^* の程度になると,平均をとる領域の選び方により内部に含まれる粒子の数,したがって対象とする物理量の平均値が変動するので,連続体とはみなせなくなる.この L^* は固体では数 nm,気体では分子の平均自由行路 l_m(標準状態の空気で 64nm) の数倍程度,液体ではその中間の数十 nm と考えてよい.ただし,これらは通常の固体や液体・気体での日常的な現象についての目安であり,連続体の仮定の是非は,媒質を構成する要素の大きさには必ずしも関係しない.たとえば,個々の星は大きく,また星と星のあいだは希薄で何光年も離れているが,銀河系のような非常に多くの星の集団全体を扱う問題では,着目しているスケールの中に十分多くの星が含まれているから,これを一種の連続体とみなすことができる.他方,血液のように通常は連続体とみなせる液体も,末梢血管まで流れていくと,血液を構成する血球の大きさが血管径と同程度になり,血液を単純な連続媒質とみなすことは不適切になる.このように,連続体とは実在の媒質からの抽象概念であるから,同じ媒質であっても着目する現象によって取扱いは異なる.

同様の理想化は,運動の時間的な連続性に対しても必要であり,原子や分子が多数の衝突を行った結果の平均的で滑らかな運動が,その時間内のどの時間幅をとっても継続していると仮定する.たとえば,標準状態の気体では平均自由行路を進むのに要する時間 T^* は 10^{-10} 秒程度であるから,着目する現象が滑らかであるとみなせるためには,これより十分長い時間間隔にわたる挙動でなければならない.

固体・液体・気体などは,その物質を構成する原子や分子の集合状態の違

いで区別した分類であり，力学的な性質の違いで分けたものが剛体 (rigid body)，弾性体，流体である．変形する固体の力学的挙動を調べる分野として，弾性体力学や流体力学が連続体力学の代表例であるが，今日では，高分子物質・生体材料からセラミックスにいたる新材料の開発などの需要の高まりから，連続体の概念も拡大し，流体と弾性体の両方の性質をもつ粘弾性体 (visco–elastic body) や変形がもとに戻らない塑性体 (plastic body) をはじめさまざまな中間物質が研究されている．弾性体や流体の区別も絶対的なものではなく，考える時間スケールに依存する．たとえば，マグマや氷河などの固体も長い時間スケールで考えれば流体と考えてよい．逆に，気体や液体のような流体に，物体が高速度で突入するような場合には，流体といえども弾性体や剛体に近い硬い物質とみなせる．

いろいろな固体，水や空気は我々の身近にあり，古くから生活の中でさまざまに利用されてきたので，現在我々がもっている知識がいつ誰によって確認されたかは必ずしも明らかではない．たとえば，弓で矢を放つときの弾性板や弦の利用，工事にあたり 2 地点の上下を調べるための水の利用，など多くの弾性体や流体力学の法則のもととなるものが自然発生的に見いだされていたと思われる．また，渦や波のように無限に続く現象は，呪術的・哲学的な意味を表すデザインとして，生活環境に取り入れられていたようである．しかし，記録に残されている学問的な貢献にかぎれば，古くは流体の浮力に関するアルキメデス (Archimedes, 287–212BC) の原理があり，その後はガリレイ (1564–1642) 以降の力学の発展を待たなければならないようである．トリチェリ (Torricelli, 1608–1647) による大気圧の実験は，当時の人々の真空に対する考え方を転換するものであった．やがて静水圧に関するパスカル (Pascal, 1623–1662) の原理，弾性体の伸びに関するフック (Hooke, 1635–1703) の法則，などの静力学の基礎がつくられた．他方，物体の運動状態についての力学はニュートン (Newton, 1643–1727) による力学と微積分学の登場の後であり，オイラー (Euler, 1707–1783) やベルヌーイ (D.Bernoulli, 1700–1782) による弾性体の力学や非圧縮非粘性流

体の力学は連続体力学構築の基礎になっている．流体力学においては，その後 18〜19 世紀中頃までは，対象が圧縮性のない「完全流体（あるいは非粘性流体，理想流体）」にかぎられていた．それらに対しては，ポテンシャル論や複素関数論のような壮大な数学的理論体系がつくられたものの，一様な流れの中に置かれた物体に抵抗がはたらかないというダランベールのパラドックス (1744) に代表されるような困難を解決することができなかった．

これに対して，流体の粘性や圧縮性といった実在的な性質を考慮した基礎方程式がナヴィエ (L.M.H. Navier, 1785–1863) とストークス (G.G. Stokes, 1819–1903) により提唱された．この方程式は，非線形で散逸性をもつために，当初は管を流れる粘性流であるハーゲン–ポアズイユ (Hagen 1839, Poiseuille 1840) の法則や平板が互いに平行に動いたときの単純ずれ流れ (Couette, 1890) をはじめとしていくつかの厳密解が知られているにとどまっていた．一般に，粘性流体の流れは粘性力に対する慣性力の大きさで特徴づけられ，両者の比はレイノルズ数 Re とよばれる．遅い流れ $Re \ll 1$ ではナヴィエ–ストークス方程式の慣性力が無視できるので，基礎方程式は線形近似（ストークス近似）され，これを用いてストークスは微小球の運動に対する抵抗法則 (1851) を導いた．しかし，レイノルズ (Reynolds) による乱流発生の実験 (1883) をはじめ多くの日常経験では，速い流れになると前述の解が当てはまらず乱流状態になることから，実在流体の速い流れの理解の必要性はますます高まった．20 世紀に入り，いくつかの方向の発展がみられた．その第 1 は，オセーン (Oseen, 1910) によるもので，物体から遠方での慣性の影響を方程式に取り入れ，物体の下流側にできる後流 (伴流ともいう) を考慮したものである．これは Re についての一種の摂動展開で，その後さまざまな精密化や数学的な手法の開発を経て今日にいたっている．第 2 は，プラントル (L. Prandtl) の境界層理論である (1905)．静止物体を過ぎる粘性流では，固体表面で速度は 0 であるが，その少し外側では流れがあるために速度勾配ができる．この速度勾配のある領域は境界層とよばれ，粘性が 0 に近づくと，かぎりなく薄い層になるが，この境界層の流れ

を正しく評価すれば，非粘性流体において避けられない速度の不連続は現れず，ダランベールのパラドックスのような矛盾も解決される．この理論の応用として，航空力学などの急速な発展が促された．第3は，物体の速い運動に対する流体の圧縮性の考慮である．その目安は物体の運動速度 v と音速 c の比 $M\ (= v/c)$ で与えられ，マッハ数とよばれる．$M > 1$ では衝撃波という密度が急激に変わる薄い層を考えることにより，物体の高速運動を扱うことが可能となった．第4は，流れが不規則な変動を含む乱流についての研究である．レイノルズによる乱流発生の実験の後，多くの現象論や不安定性理論，コルモゴロフによる普遍的平衡状態の理論 (1941) などが出され，さらに近年ではカオス理論やフラクタル理論などの発展，コンピューターの発達と相まって，実在流体の力学が飛躍的に発展を遂げてきてはいるが，まだ十分解明されたとはいえず，今日もなお挑戦が続いている．

　このように，さまざまな力学的問題が基礎方程式に基づいて解析され，実験・観測結果との比較検討を経て，理論の精密化が図られてきた．とりわけ，流体力学の基礎方程式 (や弾性体の大変形を扱う方程式) が非線形であることから，非線形問題の取扱いが工夫され，たとえば非線形波動の解析的解法，境界層理論に代表されるスケール変換や近似解法，特異摂動法，解の分岐理論，乱流に対する統計理論，数値解法，などさまざまな先駆的解法が開発されてきた．これらの過程で多くの物理数学的な手法が確立されるとともに，これが契機となって新たな数学分野や解析手段が芽生えた．また，連続体の現象は視覚的にもとらえやすいので，2つの場 (領域) を結ぶ写像関数を決定したり，電磁場の様子を推定したり，原子核模型や多体問題の第一近似などのように，物理学の他の分野の現象のイメージづくりやモデル化にも大きな寄与をしている．連続体力学は他の多くの学問分野と接点をもっており，工学的な応用（混相流，電磁流体，燃焼，化学反応，熱核反応），地球環境（気象，海洋，地球流体）や惑星・宇宙規模の流体現象，生物・生命体の運動，社会・経済現象などにおいて，それぞれに関連

した外的条件を取り込んで連続体的に記述することによりマクロな視座を与えるとともに，希薄気体や粉粒体のように連続体と離散系のあいだのメソスコピックな領域へも守備範囲を拡大し続けている．

1章
弾性体の運動

1.1 弾性体の変形

1.1.1 単純な変形

弾性体の典型的な変形を考え弾性率を定義する．簡単のために，直方体 (辺の長さ l, w, h) の形をした弾性体を例にとる．

① 1組の向かい合う面に垂直に力を加えて引き伸ばすとき，長さの変化の割合に対する抵抗の役割をヤング率 E という．この方向を辺 l と平行に選ぶと（図1），次式が成り立つ．これはフック (Hooke) の法則の拡張で，f は単位面積あたりの力を表す．

$$f = E\frac{\Delta l}{l} \tag{1}$$

この場合には一般に伸びと垂直な方向には縮みを生じるので，両者の

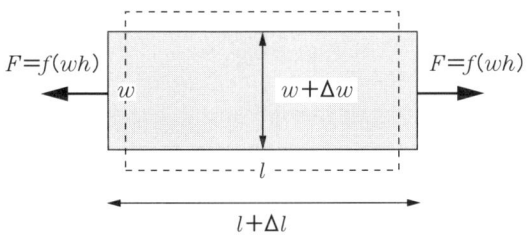

図 1　直方体の引き伸ばし

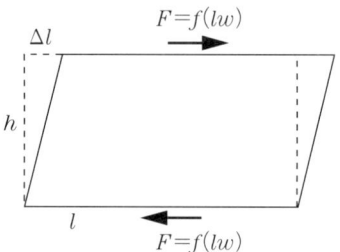

図 2　直方体のずれ変形

比をポアソン (Poisson) 比 σ

$$\frac{\Delta w}{w} = \frac{\Delta h}{h} = -\sigma \frac{\Delta l}{l} \tag{2}$$

という．

② 1 組の向かい合う面が互いにずれるような向きに力を加えたときに（図 2），ずれ (せん断ひずみ) に対する抵抗の目安をずれ弾性率 G という．このとき，次式が成り立つ．

$$f = G \frac{\Delta l}{h} \tag{3}$$

ただし，Δl は一方の面が平行に移動した距離で，これらの面が h だけ離れているとした．体積の変化はない．

③ 弾性体の膨張圧縮の割合に対する抵抗の目安を体積弾性率 K という．この場合には，体積変化はあるが形状は変化しない．

1.1.2　弾性体の棒のねじれ

棒の一端を固定し他端に偶力を作用させると，棒にはねじれが生じる．ねじれと強度の問題は回転軸をもつ非常に多くの機械において登場し，また微小な力のモーメントを測定する "ねじれ秤" の基礎となる関係を与える．

簡単のために，半径 R，長さ L の弾性体の円柱の上端を角度 Φ だけねじる場合を考える．円柱内部の半径 $r \sim r + dr$ の薄い円筒殻をさらに軸に平

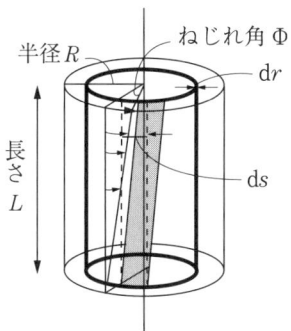

図 3 円柱のねじれ

行な幅 ds の短冊状に分割する (図 3). ねじれは内部の微小な直方体のずれ変形の重ね合わせと考えられる. 各微小直方体の上面にはたらく力のモーメントは d$\tau = r \times (Gr\Phi/L)$ drds であるから, これらを加え合わせると, 円柱を角度 Φ だけねじるのに必要な力のモーメント (トルク) τ が求められ

$$\tau = \frac{\pi G R^4}{2L}\Phi \tag{4}$$

となる[Q1]. ただし, G はずれ弾性率である.

1.1.3　弾性体の棒の曲げ

図 4(a) のように, 真直な弾性体の棒の両端に力のモーメントを与え, 棒を平面内で曲げる場合を考える. 棒は外側では引き伸ばされ内側では圧縮されるから, その中間に伸び縮みのない面 (中立面) が生じている. 太さや材質の一様な棒がわずかに曲げられる場合には, 棒の形は円弧で近似できるので, 中立面の曲率半径を R, その面を基準として外側に測った高さを y とすると, 伸びの割合は y/R となる.

したがって, 断面内の微小面 dxdy 部分 (図 4(b) の斜線部分) に垂直にはたらく応力 f はヤング率を E として $f = Ey/R$ であり, これによって中

[Q1]　式 (4) を導け.

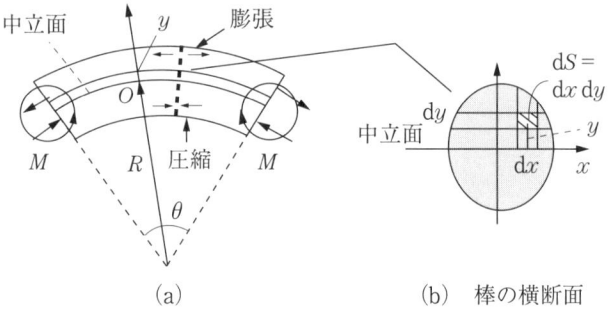

(a)　　　　　　　　　(b) 棒の横断面

図 4　棒の曲げ

立面のまわりに生じる力のモーメント $dM = y \times (f dx dy)$ を棒の断面全体にわたって積分すれば，棒を曲げるのに必要なモーメント M が得られる．

$$M = \int dM = \frac{E}{R}\int\int y^2 dx dy = \frac{E}{R}I \tag{5}$$

ここで

$$I = \int\!\!\!\int_{\text{断面全体}} y^2 dx dy \tag{6}$$

は断面の幾何学的慣性モーメントとよばれる．関係式 (5) はベルヌーイ–オイラー (Bernoulli-Euler) の法則とよばれている．

断面の幾何学的慣性モーメントは，たとえば縦横の長さが b, a の断面では $I = ab^3/12$，半径 a の円形断面では $I = \pi a^4/4$ となる[Q2]．一定量の物質を用いて，曲げに対してもっとも強い棒をつくるためには，中立面から遠い場所に多くの物質を分布させて I を大きくすればよい．この発想から生まれたものが I ビーム (梁) や H ビームであり，鉄道のレールや建築資材としてよく見かけるものである．また，どの方向の曲げに対しても慣性モーメントが大きくなるようにしたものが中空円筒である．

[Q2] 円形断面の I を求めよ．

1.1.4 梁のたわみ

一端を固定した長さ L の梁の他端に,梁とは垂直に力 F をかけたときの変形を考えてみよう.図5のように,はじめは真直ぐだった梁に沿って x 軸を,これと垂直に z 軸を選ぶ.力を加えた結果,梁が半径 R の円弧状に曲がったとすると,梁の形 $z = u(x)$ とは

$$\frac{1}{R} = \frac{u''}{(1+u'^2)^{3/2}} \approx u''(x)$$

の関係がある[付録(K)].板の自重を無視すれば[Q3],固定端から距離 x の点 P でのモーメントの釣合いは

$$(L-x)F = EIu''(x) \tag{7}$$

となる.$x=0$ で $u=0, u'=0$ として上式を解くと

$$u = \frac{F}{EI}\left(\frac{Lx^2}{2} - \frac{x^3}{6}\right) \tag{8}$$

また,梁の先端の変位は

$$z = u(L) = FL^3/(3EI) \tag{9}$$

となる.これは梁の長さ L の3乗に比例する.

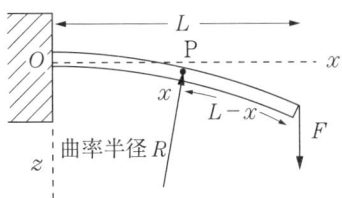

図 5 梁の変形

[Q3] 自重のある場合の変形は?

1.1.5 座屈

真直な板の両端面に,板に平行で互いに逆向きの力を加えて押していくと,力が小さいうちは板が長さ方向に圧縮されるだけであるが,力がある大きさを超えると図6のように突然たわみを生じる.プラスチック製の定規や下敷などを両端から圧縮するときによく見かける現象で,これを座屈 (buckling) という.また,ロケットの打ち上げなどでも,ロケット本体の強度に比べて推力が大き過ぎると座屈の生じる危険がある.

梁の近似理論を用いて,この現象を考察してみよう.力の作用線に沿って x 軸を,またこの面からたわんだ距離を $z(x)$ と置く.図6の点Pにおける曲げのモーメント M は $M = zF$ であるから,板の曲率半径を R として

$$\frac{EI}{R} = zF \qquad (10)$$

が成り立つ.板の変形が小さければ,$1/R = -\mathrm{d}^2z/\mathrm{d}x^2$ と近似できるから [付録(K)],上式は

$$-EI\frac{\mathrm{d}^2 z}{\mathrm{d}x^2} = Fz \qquad (11)$$

となる.これはよく知られた単振動型の方程式で,$x = 0, L$ で $z = 0$ とすればその解は

$$z(x) = A\sin\left(\frac{n\pi x}{L}\right), \quad F = \left(\frac{n\pi}{L}\right)^2 EI \qquad (12)$$

となる [Q4].式 (12) のうち,実際には $n = 1$ 以外の解は不安定であって,

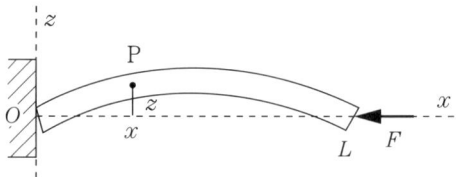

図 6 座屈

[Q4] 振幅 A は決まるのか?

1.1 弾性体の変形

実現するのは困難である.力が$\pi^2 EI/L^2$ ($=F_1$;オイラー荷重とよばれる) より小さいうちはたわみを生じることなくただ圧縮が起こるだけであるが,加える力を増加してこの臨界値F_1に達すると,たわみのない解$z=0$と式(12)の複数個の解が可能となり,エネルギー(弾性エネルギー,あるいはこれと位置エネルギーとの和)の小さいほうの解が選ばれることになる.このような解の分岐現象は,多くの非線形現象にみられる.

棒の変形が微小でない一般の場合には,棒に沿う座標sをとると,式(10)に対応して

$$-EI\frac{\mathrm{d}\theta}{\mathrm{d}s} = zF$$

を得る.ただし,θは曲線の接線とx軸との角度である.両辺をsで微分し,$\mathrm{d}z = \sin\theta \mathrm{d}s$を用いると

$$\frac{\mathrm{d}^2\theta}{\mathrm{d}s^2} = -\frac{F}{EI}\sin\theta \qquad (13)$$

を得る.この方程式は,有限振幅の単振子の方程式と同じ型であり,解は楕円関数を使って表される.この曲線は,エラスティカの曲線として知られている(図7参照).

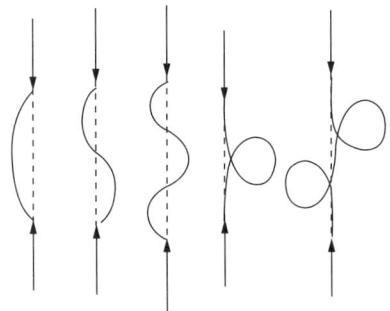

図 7 エラスティカの曲線

1.1.6 弾性体の変形の一般論

弾性体中の近接した 2 点 r, $r' = r + \delta r$ における変位をそれぞれ $u, u' = u(r + \delta r)$ とする．微小な変形では，これを $|\delta r| \ll |r|$ としてテイラー展開し

$$\delta u = D \cdot \delta r \tag{14}$$

を得る．ここで，D は変位を表すテンソル[付録(H)]で，直角座標系で成分を表示すれば $\delta u = (\delta u, \delta v, \delta w)$, $\delta r = (\delta x, \delta y, \delta z)$

$$D = \begin{pmatrix} \dfrac{\partial u}{\partial x} & \dfrac{\partial u}{\partial y} & \dfrac{\partial u}{\partial z} \\ \dfrac{\partial v}{\partial x} & \dfrac{\partial v}{\partial y} & \dfrac{\partial v}{\partial z} \\ \dfrac{\partial w}{\partial x} & \dfrac{\partial w}{\partial y} & \dfrac{\partial w}{\partial z} \end{pmatrix} \tag{15}$$

である．D を対称テンソル $E = (D + D^T)/2$ と反対称テンソル $\Omega = (D - D^T)/2$ に分離する．ここで，D^T は D の転置行列である．前者の成分は

$$e_{xx} = \frac{\partial u}{\partial x}, \quad e_{xy} = \frac{1}{2}\left(\frac{\partial u}{\partial y} + \frac{\partial v}{\partial x}\right), \quad \cdots$$

などと表されるが，(x, y, z), (u, v, w) の代わりに (x_1, x_2, x_3), (u_1, u_2, u_3) と書き直すと，E の成分 e_{ij} ($i, j = x, y, z$ あるいは $1, 2, 3$) は

$$e_{ij} = \frac{1}{2}\left(\frac{\partial u_i}{\partial x_j} + \frac{\partial u_j}{\partial x_i}\right) \tag{16}$$

のように簡潔に表現できる．E は対称テンソルであるから $e_{ij} = e_{ji}$ の関係がある．E の対角成分 e_{xx} は x 方向の伸びの割合[Q5]を表す．また，対角成分の和は

$$\mathrm{Trace}(E) = e_{xx} + e_{yy} + e_{zz}$$
$$= \frac{\partial u}{\partial x} + \frac{\partial v}{\partial y} + \frac{\partial w}{\partial z} = \mathrm{div}\, u$$

[Q5] e_{xx}, e_{xy} などの物理的な意味は？

である．div $\boldsymbol{u}$ は発散 (divergence) であり，体積膨張率を表す[付録 (C)]．他方，$\boldsymbol{E}$ の非対角成分は純粋なずれを表す．たとえば，e_{xy} は xy 面内で長方形[Q5]が平行四辺形に変形するときの辺の間の角度の変化である．このように，$\boldsymbol{E}$ は弾性体中におけるひずみを表すので，ひずみテンソル (strain tensor) とよばれている．これに対して反対称部分 $\boldsymbol{\Omega}$ は

$$\boldsymbol{\Omega} = \begin{pmatrix} 0 & -\zeta & \eta \\ \zeta & 0 & -\xi \\ -\eta & \xi & 0 \end{pmatrix} \tag{17}$$

と表される．ここで，成分 ξ, η, ζ はベクトル解析で知られている回転 (rotation) の演算と

$$(\xi, \eta, \zeta) = \frac{1}{2} \text{rot}\, \boldsymbol{u} \tag{18}$$

の関係があり[付録 (E)]，たとえば，ζ は z 軸のまわりの剛体回転の回転角[Q6]を表す．

1.2 応力テンソル

単位面積あたりにはたらく力を応力とよぶ．この力が面に垂直にはたらく場合 (法線応力) と面に平行にはたらく場合 (接線応力) とでは弾性体の変形に及ぼす作用が異なるので，応力を指定するためには "面についての情報" と，"その面にはたらく力の大きさや向きについて (すなわちベクトル量として) の情報" の両方が必要である．そこで，これらを正確かつ簡潔に表現するために，図 8 のように直方体の微小な弾性体領域を考える．陵に平行に x, y, z 軸を選び，x 軸に垂直な面 ABCD にはたらく応力を $\boldsymbol{p}_x$ のように添字 x を付して区別する．

応力 $\boldsymbol{p}_x$ はベクトル量であるから，x, y, z 方向の 3 成分 $(p_x)_x, (p_y)_x, (p_z)_x$ をもっている．これらをそれぞれ p_{xx}, p_{yx}, p_{zx} と表記する．他の面につい

[Q6] ζ の物理的意味は？

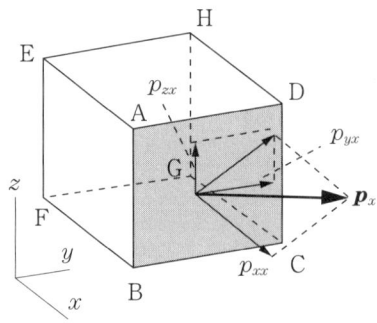

図 8 応力の表現

ても同様である．この表現によれば p_{xx}, p_{yy}, p_{zz} は法線応力を，p_{xy}, p_{xz}, p_{yx}, p_{yz}, p_{zx}, p_{zy} は接線応力を表す．応力 $\bm{p}_x$ をベクトルの成分で表すには $\bm{p}_x = (p_{xx}, p_{yx}, p_{zx})^T$ とすればよい．

勝手な向きをもつ面にはたらく応力を表現するために，x, y, z 軸上の勝手な点 A, B, C と点 P を頂点とする微小な 4 面体 PABC を考える (図 9)．面 ABC の面積を δS, 外向き法線を $\bm{n}$, これにはたらく応力を $\bm{p}_n$, 面 PCB, 面 PAC, 面 PBA の面積をそれぞれ δS_x, δS_y, δS_z, これらにはたらく応力

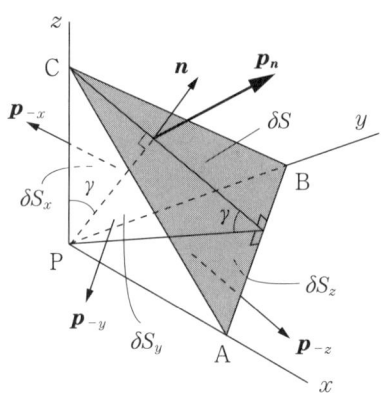

図 9 微小な 4 面体 PABC にはたらく応力

1.2 応力テンソル

をそれぞれ $\bm{p}_{-x}, \bm{p}_{-y}, \bm{p}_{-z}$ と書く (外向き法線の方向がそれぞれ $-x, -y, -z$ の方向であることに注意). この 4 面体にはたらく力には，応力のように面積に比例する力 (面積力) と，重力のように体積に比例する力 (体積力) があるが，4 面体の一辺の長さを ε の程度とすると，体積力は ε^3，面積力は ε^2 に比例するから，$\varepsilon \to 0$ で前者は後者に比べて無視できる．したがって，微小な 4 面体における力の釣合いは

$$\bm{p_n}\delta S + \bm{p}_{-x}\delta S_x + \bm{p}_{-y}\delta S_y + \bm{p}_{-z}\delta S_z = \bm{0} \tag{19}$$

となる．ここで単位ベクトル $\bm{n}$ と x, y, z 軸とのあいだの角度をそれぞれ α, β, γ と置くと，$\bm{n} = (\cos\alpha, \cos\beta, \cos\gamma)^T = (l, m, n)^T$ と表される．ただし，l, m, n は方向余弦 [付録 (J)] である．これを用いると

$$\delta S_x = \delta S \cos\alpha = l\delta S$$
$$\delta S_y = \delta S \cos\beta = m\delta S$$
$$\delta S_z = \delta S \cos\gamma = n\delta S$$

と書ける．また，作用・反作用の法則から

$$\bm{p}_{-x} = -\bm{p}_x, \quad \bm{p}_{-y} = -\bm{p}_y, \quad \bm{p}_{-z} = -\bm{p}_z$$

が成り立つ．したがって，式 (19) は

$$\begin{aligned}\bm{p_n} &= l\bm{p}_x + m\bm{p}_y + n\bm{p}_z \\ &= (\bm{p}_x, \bm{p}_y, \bm{p}_z)\cdot \bm{n} = \bm{P}\cdot\bm{n}\end{aligned} \tag{20}$$

と書ける．ここに現れた

$$\bm{P} = (\bm{p}_x, \bm{p}_y, \bm{p}_z) = \begin{pmatrix} p_{xx} & p_{xy} & p_{xz} \\ p_{yx} & p_{yy} & p_{yz} \\ p_{zx} & p_{zy} & p_{zz} \end{pmatrix} \tag{21}$$

は応力テンソルとよばれる 2 階のテンソル [付録 (H)] である．

1.3 弾性定数

弾性体に応力がはたらくとひずみが生じ,また逆にひずみが生じるとそこに応力が発生する.すなわち,応力 $\boldsymbol{P}$ (成分を p_{ij} と書く.第1の添字 i は力の方向,第2の添字 j は面の法線方向を表す) はひずみの関数である.前節で述べた相対変位テンソル $\boldsymbol{D}$ のうち,$\boldsymbol{\Omega}$ のほうは剛体回転を表すので,応力には寄与しない.これらを考慮して数式で表せば,$i,j = 1,2,3$ に対して

$$p_{ij} = f_{ij}(e_{11}, e_{12}, \cdots, e_{33})$$
$$[= f_{ij}(e_{kl}) \text{ と略記}]$$

となる.

関数 f_{ij} は弾性体の性質や変形の程度に依存し,一般には複雑であるが,ここでは話を簡単にするために,ひずみ e_{kl} が微小であると仮定する.我々は連続体を扱っているので,関数 f_{ij} はもちろん連続であり,$e_{kl} = 0$ (ひずみのない状態) のまわりでテイラー級数に展開することができる.

$$p_{ij} = f_{ij}(0) + \sum_{k,l=1}^{3} \left(\frac{\partial f_{ij}}{\partial e_{kl}}\right)_{e_{kl}=0} e_{kl} + \cdots$$

通常の場合,ひずみのない状態では応力がはたらいていないので,$f_{ij}(0) = 0$ であり,e_{kl} の2次以上の微小量を無視すれば

$$p_{ij} = \sum_{k,l=1}^{3} \left(\frac{\partial f_{ij}}{\partial e_{kl}}\right)_{e_{kl}=0} e_{kl} \equiv \sum_{k,l=1}^{3} C_{ijkl} e_{kl} = C_{ijkl} e_{kl} \quad (22)$$

となる.式 (22) の最右辺では,総和規約を用いている.すなわち,同じ添字が繰り返して使われているときは,この添字について可能なすべての値 (いまの場合には,$k,l = 1,2,3$) を与え,それらについて和をとるとの約束で $\sum$ の記号を省略した.式 (22) はフックの法則の拡張[Q7]である.ばね

[Q7] フックの法則との関係は?

定数に対応して現れた C_{ijkl} は物質に固有な 4 階のテンソルで弾性テンソルとよばれている．

1.3.1 結晶と弾性テンソル

弾性定数 C_{ijkl} の成分は全部で $3^4 = 81$ 個あるが，結晶においては並進および回転の対称性があるので独立な成分の数は減る．

1) 三斜晶系 (triclinic system)

これは斜長石のように，3 つの結晶軸の長さが異なり，それらの向きも勝手な方向を向いている場合である．独立な係数の数は 21 個[Q8]である．

2) 単斜晶系 (monoclinic system)

これは正長石，輝石類，角閃石類のように，3 軸の長さは異なるが，2 組の軸が直交する場合である．独立な成分は 13 個となる．

3) 正斜方晶系 (orthorhombic system)

これは自然硫黄，かんらん石，トパーズのように，2 つの軸のまわりに 180° 回転対称な場合であり，実は第 3 の軸に対しても自動的に 180° 回転対称になっている．独立な成分は 9 個である．

4) 正方晶系 (tetragonal system)

これはジルコン，錫石，黄銅鉱のように，1 つの軸のまわりに 90° 回転対称性をもつ場合である．独立な成分は 6 個である．

5) 三方晶系 (trigonal system) または菱面体晶系 (rhombohedral system)

これは方解石のように，単位胞の立体対角方向に 120° 回転対称性をもつ場合で，3 軸は等価である．この場合も独立な成分は 6 個である．

6) 六方晶系 (hexagonal system)

これは水晶，緑柱石，電気石のように，単位胞の 1 つの軸に 120° 回転対称性をもつ場合で，独立な成分は 5 個である．

7) 立方晶系 (cubic system) または等軸晶系 (regular system)

ダイヤモンド，ざくろ石，方鉛鉱，黄鉄鉱，岩塩のように，3 つの軸が

[Q8] この数はどのようにして決まるのか？

90° 回転対称性をもつ．独立な成分は 3 個である．

1.3.2　等方性物質の弾性テンソル

媒質の物理的特性が座標系の向きに依存しないような物質を一般に等方性物質 (isotropic medium) という．この場合には，弾性テンソル C_{ijkl} も等方的でなければならない．一般に，4 階の等方性テンソル[付録 (I)] は，2 階の等方性テンソル δ_{ij} の 2 つずつの積によって $\delta_{ij}\delta_{kl}, \delta_{ik}\delta_{jl}, \delta_{il}\delta_{jk}$ の 3 種類だけで表される．ここで，δ_{ij} はクロネッカー (Kronecker) のデルタとよばれ

$$\delta_{ij} = \begin{cases} 1 \ (i=j \text{ のとき}) \\ 0 \ (i \neq j \text{ のとき}) \end{cases}$$

である．これを用いると，式 (22) で導入した弾性テンソル C_{ijkl} は

$$C_{ijkl} = A\delta_{ij}\delta_{kl} + B\delta_{ik}\delta_{jl} + C\delta_{il}\delta_{jk}$$

と書ける．ただし，A, B, C は定数である．この式を一般化したフックの法則 (22) に代入すると

$$p_{ij} = \lambda(\text{div}\boldsymbol{u})\delta_{ij} + 2\mu e_{ij} \tag{23}$$

となる[Q9]．ただし，$e_{kk} = \text{div}\boldsymbol{u}$，$e_{ij} = e_{ji}$，また $\lambda = A$，$\mu = (B+C)/2$ と置いた．λ, μ をラメ (Lamé) の弾性定数とよぶ．等方性物質の弾性テンソルで独立な成分はこの 2 個だけである．

1.3.3　ラメの定数と E, σ, G

図 10 のように，下面が固定された直方体の上面に応力 p_{12} がはたらいているとする．直方体が斜めにつぶれる角度を θ ($\theta \ll 1$) とすれば，変位は x_1 方向だけで $u_1 \fallingdotseq \theta x_2$ であるから，式 (23) は

$$p_{12} = 2\mu e_{12} = \mu\theta$$

[Q9]　式 (23) を導け．

1.3 弾性定数

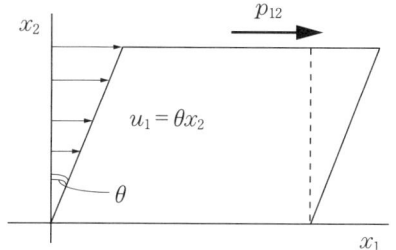

図 10　単純なずれ変形

となる．これを式 (3) と比較すれば

$$\mu = G \tag{24}$$

を得る．すなわち，μ はずれ弾性率に等しい．

つぎに，図 11 のように，真直で一様な直方体の棒の両端に法線応力 f を加えて引き伸ばす場合を考える．

棒に沿って x 軸を，これに垂直な面内に y, z 軸をとると，応力の成分のうち 0 でないものは $p_{xx} = f$ だけである．

したがって，式 (23) から

$$(\lambda + 2\mu)e_{xx} + \lambda(e_{yy} + e_{zz}) = f$$
$$(\lambda + 2\mu)e_{yy} + \lambda(e_{zz} + e_{xx}) = 0$$
$$(\lambda + 2\mu)e_{zz} + \lambda(e_{xx} + e_{yy}) = 0$$

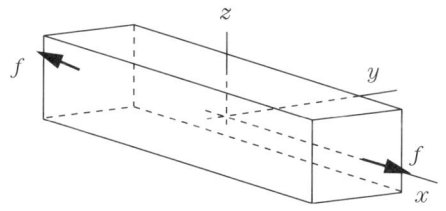

図 11　直方体の棒の引き伸ばし

$$e_{xy} = e_{yz} = e_{zx} = 0$$

を得る．上式より

$$e_{xx} = \frac{\lambda + \mu}{\mu(3\lambda + 2\mu)} f, \ e_{yy} = e_{zz} = -\frac{\lambda}{2\mu(3\lambda + 2\mu)} f \tag{25a}$$

$$E = \frac{\mu(3\lambda + 2\mu)}{\lambda + \mu}, \ \sigma = \frac{\lambda}{2(\lambda + \mu)} \tag{25b}$$

の関係式が得られる．また，これを逆に解けば

$$\lambda = \frac{\sigma}{(1 - 2\sigma)(1 + \sigma)} E \tag{26a}$$

$$\mu = \frac{E}{2(1 + \sigma)} \tag{26b}$$

となる．

1.4　運 動 方 程 式

　弾性体の内部で応力が釣り合っていない場合には，変位が時間的にも空間的にも変化する．このときの運動を支配する方程式は，ニュートンの運動方程式を適用して得られる．連続体では面積力や体積力のような力を考える必要があるので，有限な大きさの領域に対して運動量の保存則を考える．すなわち，図12のように弾性体中に閉曲面Sで囲まれた領域Vを考

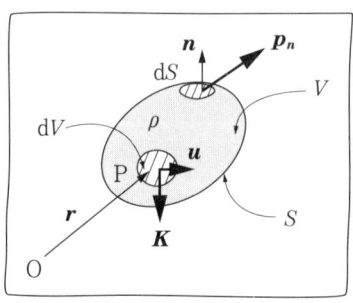

図 12　弾性体の運動方程式

1.4 運動方程式

え,その中の位置 r の近傍の微小な領域を $\mathrm{d}V$, そこでの密度を ρ, 単位質量あたりの外力[Q10](体積力) を K, 面 S 上の微小な面を $\mathrm{d}S$, その法線ベクトルを n, 応力を p_n とすれば,

$$\int_V \rho \frac{\partial^2 u}{\partial t^2} \mathrm{d}V = \int_V \rho K \mathrm{d}V + \int_S p_n \mathrm{d}S \tag{27}$$

となる.ただし,変位 u は微小であると仮定した.ガウス (Gauss) の定理[付録(D)]を適用し,この関係式が任意の弾性体領域で成り立つことを考慮すると

$$\rho \frac{\partial^2 u}{\partial t^2} = \rho K + \mathrm{div} P \tag{28}$$

を得る[Q11].とくに一様で等方的なフック弾性体では

$$\mathrm{div} P = (\lambda + \mu) \nabla (\mathrm{div} u) + \mu \Delta u \tag{*}$$

となる[付録(B)][Q12]ので,運動方程式は

$$\rho \frac{\partial^2 u}{\partial t^2} = (\lambda + \mu) \nabla (\mathrm{div} u) + \mu \Delta u + \rho K \tag{29a}$$

あるいは

$$\rho \frac{\partial^2 u}{\partial t^2} = (\lambda + 2\mu) \nabla (\mathrm{div} u) - \mu \, \mathrm{rot} \, \mathrm{rot} \, u + \rho K \tag{29b}$$

となる[付録(G)][Q13].

[Q10] 単位質量あたりの外力とは?
[Q11] 式 (28) を導け.
[Q12] 式 (*) を導け.
[Q13] 式 (29b) は?

2章
弾 性 波

2.1 平 面 波

　無限に広い弾性体中を伝わる平面波を考える．波の進行方向を直角座標系 (x,y,z) の x 軸に選ぶと，変位ベクトル $\boldsymbol{u} = \boldsymbol{u}(x,t) = (u,v,w)$ の各成分は式 (29) から

$$\rho \frac{\partial^2 u}{\partial t^2} = (\lambda + 2\mu) \frac{\partial^2 u}{\partial x^2} \tag{30a}$$

$$\rho \frac{\partial^2 v}{\partial t^2} = \mu \frac{\partial^2 v}{\partial x^2} \tag{30b}$$

$$\rho \frac{\partial^2 w}{\partial t^2} = \mu \frac{\partial^2 w}{\partial x^2} \tag{30c}$$

を満たす[Q14]．ただし，外力 $\boldsymbol{K}$ は無視した．これらはいずれも 1 次元の波動方程式であり，u は伝播速度が

$$c_l = \sqrt{\frac{\lambda + 2\mu}{\rho}} \tag{31}$$

の縦波 (変位と伝播方向が平行な波) を，v や w は伝播速度が

$$c_t = \sqrt{\frac{\mu}{\rho}} \tag{32}$$

の横波 (変位が伝播方向に垂直な波) を表す[Q15]．

[Q14] 式 (30a) を導け．
[Q15] 波動方程式 $\dfrac{\partial^2 u}{\partial x^2} = \dfrac{1}{c^2} \dfrac{\partial^2 u}{\partial t^2}$ の解を求めよ．

ラメの定数 λ, μ の代りにヤング率 E, ずれ弾性率 G とポアソン比 σ で表すと

$$c_l = \sqrt{\frac{(1-\sigma)E}{(1-2\sigma)(1+\sigma)\rho}} = \sqrt{\frac{\tilde{E}}{\rho}}$$

$$c_t = \sqrt{\frac{G}{\rho}} \tag{33}$$

となる[Q16]. ただし, $\tilde{E}$ は弾性体の棒の横方向の変位を抑えた場合の 1 次元的な実効的ヤング率である. yz 方向に体積変化を伴わない波の場合には $\sigma = 0$, したがって $\tilde{E} = E$ であるから $c_l = \sqrt{E/\rho}$ となる. なお, 式 (26a), (26b), (31), (32) から

$$\frac{c_l}{c_t} = \sqrt{\frac{\lambda+2\mu}{\mu}} = \sqrt{\frac{2(1-\sigma)}{1-2\sigma}} = \sqrt{1 + \frac{1}{1-2\sigma}} > 1$$

であり, 縦波のほうが横波より伝播速度は大きい.

2.2　3 次元の弾性波

変位ベクトル $\boldsymbol{u}$ をつぎの 2 つの部分

$$\boldsymbol{u} = \boldsymbol{u}_1 + \boldsymbol{u}_2 \tag{34}$$

$$\text{ただし div}\boldsymbol{u}_1 = 0, \quad \text{rot}\boldsymbol{u}_2 = \boldsymbol{0} \tag{35}$$

に分解し, 式 (29a) に代入すると

$$\rho\frac{\partial^2}{\partial t^2}(\boldsymbol{u}_1+\boldsymbol{u}_2) = (\lambda+\mu)\nabla(\text{div}\boldsymbol{u}_2) + \mu\Delta(\boldsymbol{u}_1+\boldsymbol{u}_2) \tag{36}$$

となる. ただし, $\boldsymbol{K} = \boldsymbol{0}$ とした. 上式の両辺に div を作用させると [付録 (G9)]

$$\rho\frac{\partial^2}{\partial t^2}e_{kk} = (\lambda+2\mu)\Delta e_{kk} \tag{37}$$

[Q16] 式 (33) を導け.

を得る[付録 (G9)]．ここで，$e_{kk} = \mathrm{div}\boldsymbol{u}_2$ は体積膨張率を表すから[付録 (C)]，式 (37) は体積ひずみの波 (dilatational wave) を表す波動方程式となっている．これは縦波で，波の伝わる速度は $c_l = \sqrt{(\lambda + 2\mu)/\rho}$ である．

次に，式 (36) の両辺に rot を作用させると

$$\rho \frac{\partial^2}{\partial t^2} \boldsymbol{\Omega} = \mu \Delta \boldsymbol{\Omega} \tag{38}$$

を得る[付録 (G5)]．ここで，$\boldsymbol{\Omega} = \mathrm{rot}\boldsymbol{u}_1$ は剛体回転角の 2 倍を表すから[付録 (E)]，式 (38) はねじれの波 (torsional wave) または微小回転の波 (rotational wave) の伝播を表す波動方程式で，速度 $c_t = \sqrt{\mu/\rho}$ で伝わる横波を表す．

2.3　自由境界における反射

異種の弾性体領域の境界面では，弾性波が反射や屈折を起こす．簡単のために，自由境界面 $z = 0$ ($z > 0$ の側は真空または空気) に向かって弾性波が入射したとする (図 13)．入射面内に xz 面を選ぶと境界では応力が連続になっているから

$$p_{xz} = p_{yz} = p_{zz} = 0 \tag{39}$$

である．これらを満たすためには，振動数と境界面に平行な方向 (x 方向) の波数が保存されなければならない．すなわち，入射波 [反射波] の振動

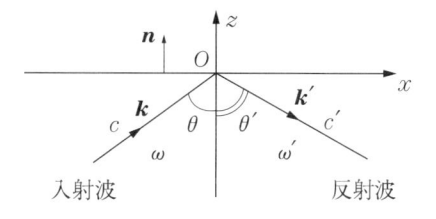

図 13　自由境界面での反射

[付録 (G9)] ⇒ $\nabla \cdot \nabla = \Delta$ を利用．
[付録 (G5)] ⇒ $\nabla \times \nabla = \boldsymbol{0}$ を利用．

数を $\omega\ [\omega']$,波数を $k\ [k']$,境界面の法線 (z 軸) との角度を $\theta\ [\theta']$ などと書くと (反射波に対しては [ ] 内の文字が対応する),これらは

$$\omega = \omega' \tag{40}$$

$$k \sin\theta = k' \sin\theta' \tag{41}$$

を満たす.波の進行速度 c は一般に $c = \omega/k$ で与えられるから,式 (40),(41) から

$$\frac{c}{\sin\theta} = \frac{c'}{\sin\theta'} \tag{42}$$

を得る.

一般に,縦波や横波のどちらかが入射したとしても,式 (39) を満たすために反射波にはその両方が誘起される.縦波と横波の伝播速度が異なることを考慮して,つぎの 2 つの場合を考える.

2.3.1 縦波が入射した場合

縦波の入射に対する縦波の反射波に対しては,式 (42) において,$c = c' = c_l$ であるから,反射角は $\theta' = \theta$ である.これに対して,横波の反射角 θ'' は $c_l \sin\theta'' = c_t \sin\theta$ で,$c_l > c_t$ であるから $\theta'' < \theta$ となる (図 14 参照).

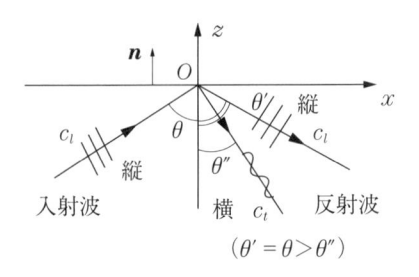

図 14 縦波の入射

2.3.2 横波が入射した場合

横波の入射に対する横波の反射波では,式 (42) において,$c = c' = c_t$ であるから,反射角は $\theta' = \theta$ である.これに対して,縦波の反射角 θ'' は $c_t \sin\theta'' = c_l \sin\theta$ で,$c_l > c_t$ であるから $\theta'' > \theta$ となる.とくに,$\theta'' = \pi/2$ のときには全反射が起こり,表面に沿って縦波が伝わる.この現象が起こる臨界角は $\theta_{\mathrm{cr}} = \arcsin(c_t/c_l)$ である (図 15 参照).

弾性波の伝播や反射・屈折は,地球内部の構造や人工物の内部不均一の観測,あるいは医学上の診断などさまざまな分野に利用されている.

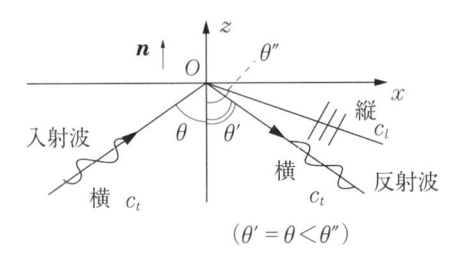

図 15 横波の入射

3章
流体の運動

3.1 圧力と粘性率

　流体の特徴は，その著しい流動性にある．しかし，流体を容器に入れたり，外力や表面張力などによって静止させたりすると，その内部の点には圧力だけがはたらく．この圧力を静水圧とよぶ．静止流体中では，ある1点で圧力が増加すると，他のどの点でも同じ大きさだけ圧力が増加する．これをパスカル (Pascal) の原理とよぶ．したがって，図16のように連結した管の両端の断面積を S_1, S_2 とし，それぞれの断面に重量 w_1, w_2 がはたらいているとすると，両断面や流体中のどの面にはたらく圧力 p も等しいので

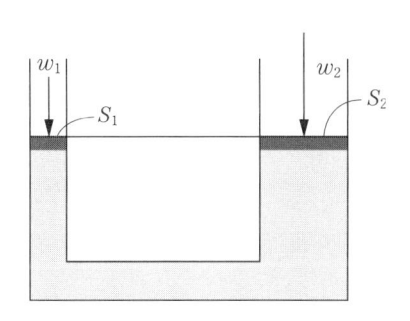

図 16　水圧機

$$p = \frac{w_1}{S_1} = \frac{w_2}{S_2}$$
$$\therefore w_2 = \frac{S_2}{S_1} w_1 \tag{43}$$

が成り立つ．もし，断面積の比 S_2/S_1 が大きければ，式 (43) によって我々は非常に重い物体を支えることができる．これは，水圧機の原理として知られている．

つぎに，一様重力の下で深さによる圧力変化を考える．重力加速度を g とする．図 17 のように，水面から深さ h に水平な面 Σ (面積 S) をとり，この面にはたらく力の釣合いを考えてみよう．面 Σ にはたらく圧力を p とすると，この面には下から pS の力が上向きにはたらく．一方，上からはその上にある柱状領域の重量 $\rho(hS)g$ と大気圧 p_∞ による下向きの力 $p_\infty S$ がはたらく．ただし，ρ は流体の密度である．したがって，力の釣合いは

$$pS = p_\infty S + \rho(hS)g$$

すなわち
$$p = p_\infty + \rho g h \tag{44}$$

となる．圧力は面の向きの選び方によらず等しいから，深さ h にあるどのような面にはたらく圧力も式 (44) で与えられる．これも広い意味で静水圧とよぶ．これを考慮すると，流体中に浸っている体積 V の物体 (物体が水面に浮いている場合は，水面より下にある部分の体積を V とする) には鉛直上向きに $\rho V g$ の力がはたらく．この力を浮力とよび，浮力に関する原理

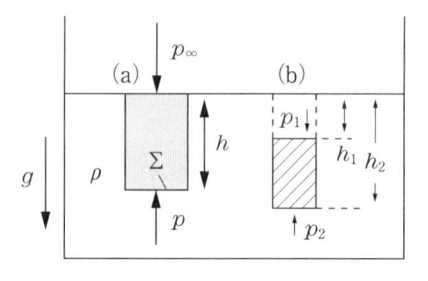

図 **17**　静水圧と浮力

3.1 圧力と粘性率

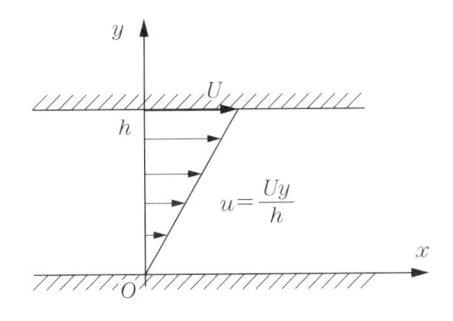

図 18 流体層のずれ

をアルキメデス (Archimedes) の原理とよぶ (BC220 年頃).

今度は,無限に広い 2 つの平行な平板のあいだに流体を満たす.下側の板を固定し上側の板に応力 τ を与えて上面を平行に一定の速度 U で動かすと,速度は図 18 のように壁からの距離に比例して一定の割合で変化する.したがって,このときの速度場 $\boldsymbol{v} = (u, v, w)$ は

$$u = \frac{Uy}{h}, \quad v = w = 0 \tag{45}$$

と表される.これを単純ずれ流れ,あるいはクエット (Couette) 流という.ただし,流れの方向に x 軸,板に垂直に y 軸をとり,板の間隔を h とした.実験によると,水や空気のような身近な流体では,この速度勾配が応力 τ に比例するので,比例係数を $1/\mu$ として

$$\frac{\mathrm{d}u}{\mathrm{d}y} = \frac{1}{\mu}\tau \tag{46}$$

と書ける.比例係数 μ は粘性率 (viscosity) とよばれ,流体の粘さを表す物質定数である.

流体の単純ずれ流れと弾性体のずれ変形(図 19)を比較すると,表 1 のような対応のあることがわかる.ひずみの時間変化 $\dot{\xi}$ は速度 u に等しいから,弾性体の理論で述べたひずみと応力 τ の関係式で,ひずみの部分を時間について微分すれば,流体の理論にあてはめられる.

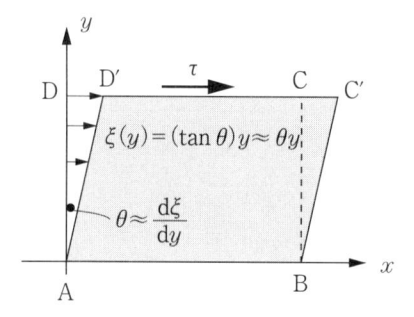

図 19 弾性体のずれ

表 1 弾性体と流体の比較

流 体	弾性体
速度 $u\,(=\dot{\xi})$	ずれひずみ ξ
粘性率 μ	ずれ弾性率 G
$\tau = \mu \dfrac{\mathrm{d}u}{\mathrm{d}y} = \mu \dfrac{\mathrm{d}\dot{\xi}}{\mathrm{d}y}$	$\tau = G \dfrac{\mathrm{d}\xi}{\mathrm{d}y}$

3.2　応力とひずみ速度

応力の表現は，弾性体の項目で述べたものとまったく同じである．ひずみ速度については，弾性体の項目で述べた「ひずみ」を時間について微分したものがそのまま当てはまる．したがって，流体中の近接した 2 点 r, $r' = r + \delta r$ における速度をそれぞれ v, v' と書くと，変位の相対速度 $\delta v = (\delta u, \delta v, \delta w)$ と 2 点間の距離 $\delta r = (\delta x, \delta y, \delta z)$ の関係は

$$\delta v = D \cdot \delta r \tag{47}$$

すなわち

3.2 応力とひずみ速度

$$\begin{pmatrix} \delta u \\ \delta v \\ \delta w \end{pmatrix} = \begin{pmatrix} \dfrac{\partial u}{\partial x} & \dfrac{\partial u}{\partial y} & \dfrac{\partial u}{\partial z} \\ \dfrac{\partial v}{\partial x} & \dfrac{\partial v}{\partial y} & \dfrac{\partial v}{\partial z} \\ \dfrac{\partial w}{\partial x} & \dfrac{\partial w}{\partial y} & \dfrac{\partial w}{\partial z} \end{pmatrix} \begin{pmatrix} \delta x \\ \delta y \\ \delta z \end{pmatrix}$$

となる. D の対称成分 E は

$$e_{xx} = \frac{\partial u}{\partial x}, \quad e_{xy} = \frac{1}{2}\left(\frac{\partial u}{\partial y} + \frac{\partial v}{\partial x}\right), \ \ldots$$

などと表されるが, $(x,y,z), (u,v,w)$ の代わりに $(x_1,x_2,x_3), (v_1,v_2,v_3)$ と書き直すと, E の成分 e_{ij} ($i,j=x,y,z$ あるいは $1,2,3$) は

$$e_{ij} = \frac{1}{2}\left(\frac{\partial v_i}{\partial x_j} + \frac{\partial v_j}{\partial x_i}\right) \tag{48}$$

のように簡潔に表現できる. E はひずみ速度テンソル (rate of strain tensor) とよばれ[付録 (H)], 対称テンソルなので $e_{ij} = e_{ji}$ の関係がある. その対角成分は単位時間あたりの伸びの割合[Q17]を表し, 対角成分の和 $\mathrm{Trace}(E) = e_{11} + e_{22} + e_{33} = \mathrm{div}\,\boldsymbol{v}$ は単位時間あたりの体積膨張率, すなわち発散 (divergence)[付録 (C)] を表す. 他方, E の非対角成分は単位時間あたりの純粋なずれを表し, たとえば e_{xy} は xy 面内で長方形が平行四辺形に変形するときに, 隣り合う辺のあいだの角度が変わる角速度を表す. これに対して, D の反対称部分

$$\boldsymbol{\Omega} = \begin{pmatrix} 0 & -\zeta & \eta \\ \zeta & 0 & -\xi \\ -\eta & \xi & 0 \end{pmatrix} \tag{49}$$

は 3 つの成分 ξ, η, ζ だけで表され, 回転 (rotation) の演算[付録 (E)] とは

$$(\xi, \eta, \zeta) = \frac{1}{2}\mathrm{rot}\,\boldsymbol{v} \tag{50}$$

の関係がある. これは, 流体の剛体的な回転の角速度を表す[Q18]. また,

[Q17] ⇒ [Q5] 参照.
[Q18] ⇒ [Q6] 参照.

rot $\boldsymbol{v} \equiv \boldsymbol{\omega}$ は渦度 (vorticity) とよばれる．

流体に応力がはたらくとひずみ速度が生じ，また逆にひずみ速度が生じると，そこに応力が発生する．すなわち，応力 $\boldsymbol{P}$ は，ひずみ速度の関数である．両者の関係は弾性体について述べたものと形式的には同じで，「ひずみ」を「ひずみ速度」で置きかえればよい．したがって，ひずみ速度 e_{kl} が微小で，流体が等方的であると仮定すると[付録 (I)]

$$p_{ij} = -p\delta_{ij} + \lambda(\mathrm{div}\boldsymbol{v})\delta_{ij} + 2\mu e_{ij} \tag{51}$$

となる[Q19]．ただし，右辺第1項はひずみ速度が0の場合に流体にはたらいている応力，すなわち，静水圧 p を表す (弾性体の場合には，釣合いの状態で応力が0であると仮定したのでこの項は考えなかった)．上式のように，応力がひずみ速度の1次式まで含む形で近似できる流体をニュートン流体 (Newtonian fluid) とよぶ．μ は粘性率である．また $\zeta = \lambda + (2/3)\mu$ は，流体の体積が膨張して流体分子間に相対速度が生じたときに，これらのあいだにはたらく摩擦力の程度を表すもので，体積粘性率 (bulk viscosity) とよばれる．

3.3 基礎方程式

流体力学の対象は，連続的に分布した媒質であるが，後者はミクロに見れば，それを構成する原子や分子の集まりであるから，運動に伴う質量，運動量，エネルギー (熱への変換も含めて) などの保存則は満たされなければならない．これらを与えるものが流体力学の基礎方程式系である．

3.3.1 質量保存則 (連続の方程式)

流体中に固定した閉曲面 S (領域 V) をとり，その内部にある流体の質量の変化を考える (図20)．S 内の流体の単位時間あたりの質量の増加量は

[Q19] ⇒[Q9] 参照．

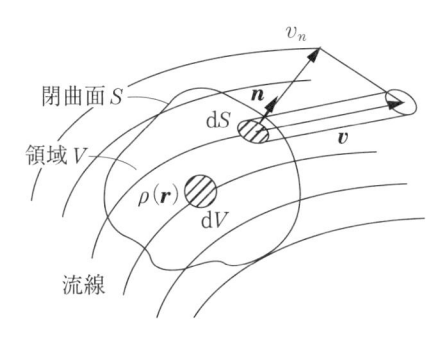

図 20　質量の変化

$(\mathrm{d}/\mathrm{d}t)\int\rho \mathrm{d}V$ である．他方，閉曲面 S を通って外に流れ出す流体の質量は $\int\rho v_n \mathrm{d}S$ である．したがって

$$\frac{\mathrm{d}}{\mathrm{d}t}\left(\int_V \rho \mathrm{d}V\right) = -\int_S \rho v_n \mathrm{d}S \tag{52}$$

$$\frac{\partial \rho}{\partial t} + \mathrm{div}(\rho\boldsymbol{v}) = 0 \tag{53}$$

を得る[Q20]．これを連続の方程式 (equation of continuity) とよぶ．これは質量の保存則[Q21]を表している．

3.3.2　運動量保存則

空間に固定した閉曲面 S の内部に含まれる流体の運動量保存則を求める (図 21)．まず，S 内の運動量の単位時間あたりの増加量は $(\mathrm{d}/\mathrm{d}t)\int\rho\boldsymbol{v}\mathrm{d}V$ である．領域 $\mathrm{d}V$ にはたらく外力 (体積力) を $(\rho \mathrm{d}V)\boldsymbol{K}$，応力 $\boldsymbol{p_n}$ により面 S 上の微小な面 $\mathrm{d}S$ にはたらく力 (面積力) を $\boldsymbol{p_n}\mathrm{d}S$ とすると，領域 V 全体での単位時間あたりの運動量の増加は $\int(\rho \mathrm{d}V)\boldsymbol{K} + \int \boldsymbol{p_n}\mathrm{d}S$ である．他方，閉曲面上の微小な面 $\mathrm{d}S$ を通って S の外に流れ出す流体の体積は $v_n\mathrm{d}S$，したがって，これによって運び出される運動量は $\rho\boldsymbol{v}v_n\mathrm{d}S$ である．これを閉曲面 S 全体で積分したものが単位時間あたりの運動量の流出量に等しい

[Q20] 式 (53) を導け．
[Q21] 質量保存則との関係は？

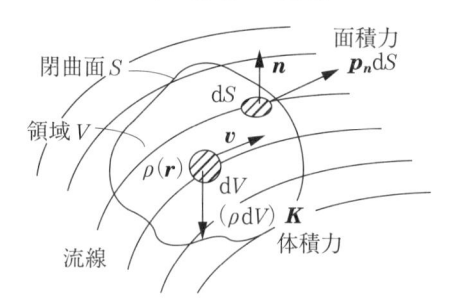

図 21 運動量の変化

から，

$$\frac{d}{dt}\int_V \rho\boldsymbol{v}dV = \int_V (\rho dV)\boldsymbol{K} + \int_S \boldsymbol{p_n}dS - \int_S (\rho\boldsymbol{v})v_n dS \tag{54}$$

を得る．左辺の空間積分と時間微分の順を変え，また右辺第 3 項をガウス (Gauss) の定理[付録 (D)]を使って

$$\int_S (\rho\boldsymbol{v})v_n dS = \int_S (\rho\boldsymbol{v})\boldsymbol{v}\cdot\boldsymbol{n}dS$$
$$= \int_V \mathrm{div}(\rho\boldsymbol{v}\boldsymbol{v})dV$$

と書きかえると，前節と同様に被積分関数のあいだに

$$\frac{\partial}{\partial t}(\rho\boldsymbol{v}) = \rho\boldsymbol{K} - \mathrm{div}(\rho\boldsymbol{v}\boldsymbol{v} - \boldsymbol{P}) \tag{55}$$

の関係を得る．ところで

$$\frac{\partial}{\partial t}(\rho\boldsymbol{v})：\quad \frac{\partial}{\partial t}(\rho v_i) = \frac{\partial\rho}{\partial t}v_i + \rho\frac{\partial v_i}{\partial t}$$

$$\mathrm{div}(\rho\boldsymbol{v}\boldsymbol{v})：\quad \frac{\partial}{\partial x_j}(\rho v_i v_j) = v_i\frac{\partial}{\partial x_j}(\rho v_j) + \rho v_j\frac{\partial v_i}{\partial x_j}$$

であるから，これらと連続の方程式 (53) を式 (55) に代入すると

$$\rho\frac{D\boldsymbol{v}}{Dt} = \rho\boldsymbol{K} + \mathrm{div}\boldsymbol{P} \tag{56a}$$

または

$$\rho\frac{Dv_i}{Dt} = \rho K_i + \frac{\partial p_{ij}}{\partial x_j} \tag{56b}$$

を得る．ここで，

$$\frac{D}{Dt}Q = \left(\frac{\partial}{\partial t} + u\frac{\partial}{\partial x} + v\frac{\partial}{\partial y} + w\frac{\partial}{\partial z}\right)Q$$
$$= \left(\frac{\partial}{\partial t} + \boldsymbol{v}\cdot\nabla\right)Q \tag{57}$$

はラグランジュ微分 (Lagrangian derivative) である[Q22]．これは，流体粒子が流れに乗って動いたときに受ける変化量を表す．ニュートン流体では，関係式 (51) が成立するから

$$(\text{div}\boldsymbol{P})_i = \frac{\partial}{\partial x_j}p_{ij}$$
$$= [-\nabla p + (\lambda + \mu)\nabla(\text{div}\boldsymbol{v}) + \mu\Delta\boldsymbol{v}]_i$$

したがって，式 (56) は

$$\rho\frac{D\boldsymbol{v}}{Dt} = \rho\boldsymbol{K} - \nabla p + (\lambda + \mu)\nabla(\text{div}\boldsymbol{v}) + \mu\Delta\boldsymbol{v} \tag{58}$$

となる[付録 (B)][Q11,12]．これがナヴィエ–ストークス (Navier-Stokes) の方程式とよばれている運動方程式で，運動量保存則を表している．

3.3.3　エネルギー保存則

流体中に固定した閉曲面 S をとり，その内部に含まれる流体のエネルギー保存則 (粘性散逸や熱の流入，外部からの仕事なども含めた広い意味での) を考えると

$$\frac{\partial}{\partial t}\left(\rho\left(\frac{1}{2}v^2 + U\right)\right)$$
$$= \text{div}\left(-\rho\boldsymbol{v}\left(\frac{1}{2}v^2 + U\right) + \boldsymbol{v}\cdot\boldsymbol{P} - \boldsymbol{q}\right) + \rho\boldsymbol{K}\cdot\boldsymbol{v} \tag{59}$$

を得る．ここで，$v = |\boldsymbol{v}|$，U は単位質量あたりの内部エネルギー，$\boldsymbol{q}$ は熱流を表す．たとえば，熱流 $\boldsymbol{q}$ に対してよく用いられるものに，フーリエの法則がある．これは温度勾配に比例した熱流を表現したもので

[Q22]ラグランジュ微分とは？
[Q11,12] [Q11] p.23, [Q12] p.23 参照．

$$q = -k \operatorname{grad} T \tag{60}$$

と表される．ただし，T は温度，k は熱伝導率である．

流体運動を知るうえで必要な従属変数は密度 ρ，速度 $\boldsymbol{v} = (u, v, w)$，圧力 p の 5 つである．一方，これまでに求めた基礎方程式系は式 (53), (58), (59) の 5 つであり，未知数と方程式の数が一致するので，原理的にはこれで問題が解ける．もちろん，式 (59) には，さらに内部エネルギー U と温度 T の関係や式 (60) のような熱流 $\boldsymbol{q}$ についての関係式が必要である．また，式 (59) の代わりに状態方程式を使う場合もある．

密度が一定の流体では $\rho =$ 一定 となり，式 (53), (58) は

$$\operatorname{div} \boldsymbol{v} = 0 \tag{61}$$
$$\rho \frac{D\boldsymbol{v}}{Dt} = -\nabla p + \mu \Delta \boldsymbol{v} + \rho \boldsymbol{K} \tag{62}$$

となる．この場合には，この 4 つの方程式を解いて未知数 $\boldsymbol{v}, p$ の 4 つが求められる．

3.3.4 境界条件

以上述べてきた方程式系は，流れを決めるための規則を与えている．個々の問題を解くには，それぞれの問題に即した条件を与えなければならない．流体を構成する分子のあいだには分子間力がはたらく．この力のために，物体表面に隣接した分子は物体とともに動く．たとえば，静止した粘性流体中を固体が速度 $\boldsymbol{v}_0$ で動いていたとすると，流体の速度 $\boldsymbol{v}$ は

$$\text{境界面上で} \quad \boldsymbol{v} = \boldsymbol{v}_0 \tag{63}$$

となる．これが固体表面において粘性流体の満たすべき境界条件で，すべりなしの条件 (no-slip condition) とよばれる．粘性が非常に小さい場合には，壁面に隣接した非常に狭い層の中でだけ速度の変化があり，面に平行な速度成分 $\boldsymbol{v}_t$ に大きな速度差が生じているようにみえる．そこで $\mu = 0$ の非粘性流体では表面において $\boldsymbol{v}_t$ にとびを生じていると考える．これを，す

べりの条件 (slip condition) とよぶ．この場合でも，面に垂直な成分 v_n は物体の速度と同じでなければならない．したがって，非粘性流体では境界面上で速度の

$$\text{法線成分が連続} \quad v_n = v_{0n} \tag{64a}$$

$$\text{接線成分 } \boldsymbol{v}_t \text{ は任意} \tag{64b}$$

となる[Q23]．

3.4 レイノルズの相似則

密度 ρ が一定の粘性流体の流れの基礎方程式は，次のような連続の方程式とナヴィエ–ストークス方程式である．

$$\nabla \cdot \boldsymbol{v} = 0 \tag{61}$$

$$\rho \frac{D\boldsymbol{v}}{Dt} = -\nabla p + \mu \Delta \boldsymbol{v} + \rho \boldsymbol{K} \tag{62}$$

外力が保存力であると仮定すると，$\boldsymbol{K} = -\mathrm{grad}\,\Omega$ と書けるので，この項を圧力場に繰り込むと

$$\rho \frac{D\boldsymbol{v}}{Dt} = -\nabla p^* + \mu \Delta \boldsymbol{v} \tag{65}$$

となる．ただし，$p^* = p + \rho\Omega$ と置いた．

物理学に現れる個々の方程式は，その左右両辺で次元も大きさも等しくなければならない．また，我々の扱う対象は，宇宙のような大きなスケールから粒子分散系のような小さなスケールまでさまざまである．これを観察するには，大きな物体は縮小し，小さな物体は拡大すればよい．また，時間的に非常に速い現象であれば，時計の刻みを十分短くして観測し，あとでゆっくり再生すればよい．これらと同じことを，数式の上でも試みる．まず，粘性率 μ，密度 ρ の流体が速度 U で流れ，その中に代表的な長さ L の物体が置かれているとして，

[Q23] 変形物体の境界条件は？ ⇒ (4.12 節参照)．

のように無次元化する．これによって新たに定義されたプライムのついた変数はすべて大きさが 1 程度の無次元量となり，方程式系は

$$\nabla' \cdot \boldsymbol{v}' = 0 \tag{66}$$

$$\frac{D\boldsymbol{v}'}{Dt'} = -\nabla' p' + \frac{1}{Re}\Delta'\boldsymbol{v}' \tag{67}$$

$$\boldsymbol{v}' = \frac{\boldsymbol{v}}{U}, \quad \boldsymbol{x}' = \frac{\boldsymbol{x}}{L}, \quad t' = \frac{t}{(L/U)}, \quad p' = \frac{p^*}{\rho U^2}$$

となる．ここで，$Re = \rho UL/\mu = UL/\nu$ はレイノルズ (Reynolds) 数，$\nu = \mu/\rho$ は動粘性率 (kinematic viscosity) とよばれる．Re は流体の慣性による運動と粘性により運動が抑えられる効果の比を表している．

身近な流れのレイノルズ数を掲げておく．たとえば，人の歩行では 10^5，100m ダッシュ(短距離走) や 100m 自由型 (競泳) では 10^6，野球の変化球やバレーボールの変化球では 3×10^5，ジャンボジェット機の飛行では 10^9 程度である．陸上競技の 100 m ダッシュと競泳の 100 m 自由型が流体力学的に同程度の Re であることに注意されたい．また，4.4 節に述べるように，抵抗が急激に変化する Re の値は 3×10^5 付近にあり，これを利用して変化球を出そうとすると，野球やバレーボールのそれぞれに必要とされるボールの速さも決まってしまう．以上のような速い流れとは対照的に，鞭毛虫の遊泳では 0.01 程度，毛細血管内の流れでは 0.001 程度になっている．

円柱のような丸みをおびている物体を例にして，流れのレイノルズ数 Re 依存性をみてみよう．まず，Re が非常に小さい場合には，流体は物体の上流側から二手に別れてまわり込み，再び合わさって下流へと流れていく (図 22(a))．前後対称な物体であれば流れも前後対称である．このような層状の流れを層流 (laminar flow) とよぶ．Re が 1 を超えるあたりから，物体の下流側には 1 対の渦が発生し始める (図 22(b))．Re の増加とともにこの渦は大きくなり，非対称的に成長し，やがて図 22(c) のように物体から交互に放出される．これをカルマン渦という．さらに Re が増加すると，物体の下流側には物体表面から剥がれた渦が複雑に入り組んだ乱れた流れの領

域が広がっていく (図 22(d), (e))．このように，空間的にも時間的にも乱れた流れを一般に乱流 (turbulent flow) とよぶ．また，とくに物体背後の乱流領域を後流あるいは伴流 (wake) という．なお，流れの状態と物体にはたらく抵抗の関係については 4.4 節を参照されたい．

方程式系 (66), (67) は Re という無次元のパラメータだけを含んでおり，長さ，速度，時間，圧力，密度，粘性率などの個々の値には関係しない．これから，

『物体の幾何学的な形が相似で，流れに対して置かれている向きが等しく，Re が等しい流れは，流体力学的に相似である』

という結論が導かれる．これをレイノルズの相似則 (Reynolds' similarity

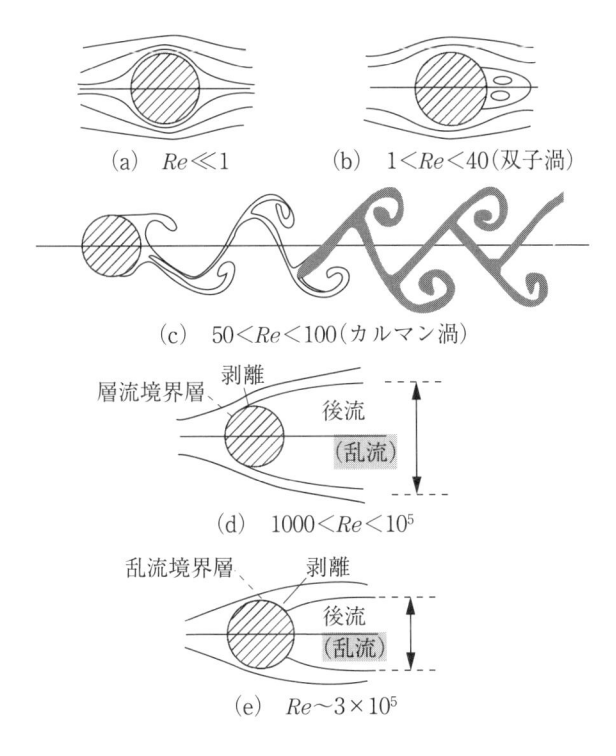

(a) $Re \ll 1$
(b) $1 < Re < 40$ (双子渦)
(c) $50 < Re < 100$ (カルマン渦)

層流境界層，剥離，後流 (乱流)
(d) $1000 < Re < 10^5$

乱流境界層，剥離，後流 (乱流)
(e) $Re \sim 3 \times 10^5$

図 22　流れの Re 依存性：円柱まわりの流れ

(a) 実験室での渦（左端の棒の直径は 3 mm 程度）

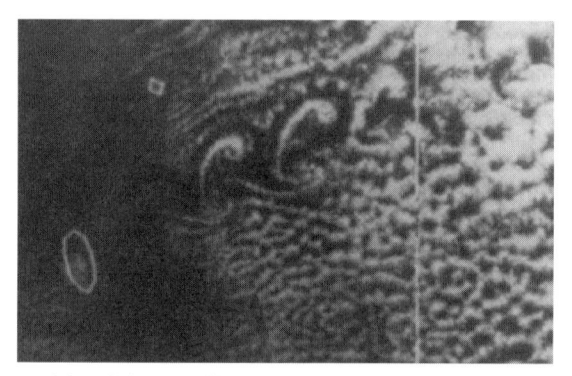

(b) 大気の渦（気象庁提供．左端の白で囲った島の大きさは 70 km 程度）

図 23　レイノルズの相似則の例

law) という．我々が，実験室での小さなモデルを用いて，実際の車，電車，船，飛行機あるいは都市や地球の環境問題などを考えることが可能になるのはこの法則のおかげである[Q24]．図 23 にレイノルズの相似則の例を示す．ただし，大規模な流れを考えるときは分子粘性率 μ ではなく実効粘性率[Q25] を用いる．

[Q24] レイノルズ数と同じような役割をする無次元量は他にもある？
[Q25] 実効粘性率とは？

4章
いろいろな流れ

4.1 ポアズイユ流

　半径 a の無限に長い円管内を一定の圧力勾配によって粘性流体が定常的に流れている場合には，基礎方程式は

$$\mu \frac{1}{r}\frac{\mathrm{d}}{\mathrm{d}r}\left(r\frac{\mathrm{d}u}{\mathrm{d}r}\right) = \frac{\partial p}{\partial x}\left[\equiv -\alpha(一定)\right] \tag{68}$$

境界条件は $r = a$ で $u = 0$ となる．これを解いて

$$u = \frac{\alpha}{4\mu}(a^2 - r^2) \tag{69a}$$

$$Q = \frac{\pi \alpha a^4}{8\mu} \tag{69b}$$

を得る[Q26]．式 (69) をハーゲン–ポアズイユ (Hagen-Poiseuille) の法則とよぶ．断面内の速度分布は放物線である．流量は粘性率 μ に反比例し，圧力勾配 $\mathrm{d}p/\mathrm{d}x$ に比例する．これを利用した粘性率測定装置もある．もっとも著しい特徴は，流量が半径の 4 乗に比例することである．流量を増すために圧力差を高めたり，粘性率を下げたりする方法も用いられるが，それよりも管を太くするほうがはるかに効果的である．

[Q26] 式 (69a,b) を導け．

4.2 低レイノルズ数の流れ

小さな物体を過ぎる遅い粘性流では,ナヴィエ–ストークス方程式における慣性項が粘性項(両者の比がレイノルズ数 Re)に比べて無視できる.したがって,基礎方程式は

$$-\nabla p + \mu \Delta \boldsymbol{v} = 0 \tag{70}$$

となる.これをストークス近似という.これと非圧縮の連続の式 (61) から[Q27]

$$\Delta p = 0 \tag{71a}$$

$$\Delta \boldsymbol{\omega} = \boldsymbol{0} \tag{71b}$$

これらはラプラス方程式であり,p や $\boldsymbol{\omega}$ は調和関数で表される.この方程式系の基本解の1つがストークスレット (Stokeslet) であり,x 方向を向いたストークスレットは次式で与えられる.

$$p_1 = \frac{\partial}{\partial x}\left(\frac{1}{r}\right) = -\frac{x}{r^3} \tag{72a}$$

$$u_1 = -\frac{1}{2\mu}\left(\frac{1}{r} + \frac{x^2}{r^3}\right) \tag{72b}$$

$$v_1 = -\frac{1}{2\mu}\frac{xy}{r^3} \tag{72c}$$

$$w_1 = -\frac{1}{2\mu}\frac{xz}{r^3} \tag{72d}$$

これらを微分したものと,非粘性流の解を用いてさまざまな粘性流の解析的な表式が求められる.

[Q27] $\nabla \cdot (70) \Rightarrow -\underbrace{\nabla \cdot (\nabla p)}_{\Delta p} + \mu \Delta \underbrace{(\nabla \cdot \boldsymbol{v})}_{\parallel \atop 0} = 0$

$\nabla \times (70) \Rightarrow -\underbrace{\nabla \times \nabla p}_{\parallel \atop 0} + \mu \Delta \underbrace{(\nabla \times \boldsymbol{v})}_{\boldsymbol{\omega}} = \boldsymbol{0}$

4.2 低レイノルズ数の流れ

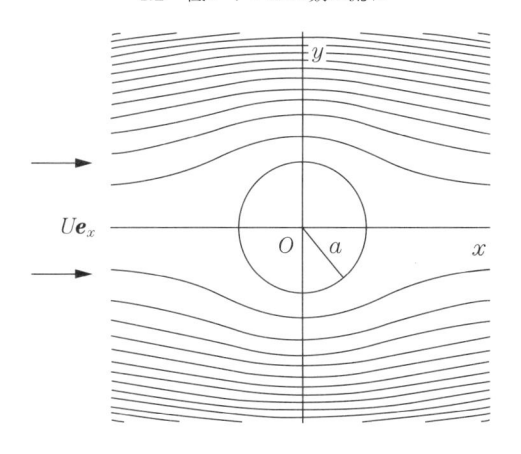

図 24 球を過ぎる一様流 (ストークス流)

たとえば，無限遠で一様な流れ U が半径 a の微小球に当たるときの流れは

$$u = U\left[1 - \frac{a}{4r}\left(3 + \frac{a^2}{r^2}\right) - \frac{3ax^2}{4r^3}\left(1 - \frac{a^2}{r^2}\right)\right] \tag{73a}$$

$$v = U\left[-\frac{3axy}{4r^3}\left(1 - \frac{a^2}{r^2}\right)\right] \tag{73b}$$

$$w = U\left[-\frac{3axz}{4r^3}\left(1 - \frac{a^2}{r^2}\right)\right] \tag{73c}$$

$$p = p_\infty - \frac{3\mu a U x}{2r^3} \tag{73d}$$

と表される．球のまわりの流れの流線を図24に示す．流れは x 軸のまわりに軸対称的で，しかも前後にも対称である．この流れによる応力を球の表面で積分すると，球にはたらく抵抗 $F = 6\pi a \mu U$ を得る．これはストークスの抵抗法則 (Stokes, 1851) とよばれている．

4.3 境界層近似

速い流れが物体を過ぎると,境界に隣接して速度勾配の大きな領域が形成される.これを境界層 (boundary layer) という.これは,物体から十分離れた領域ではもとの流れはほとんど変らないが,静止した物体表面では粘性により速度が 0 になるためである.簡単のために 2 次元流を考え,物体の先端を原点,境界壁に沿って x 軸,これに垂直に y 軸をとる (図 25).

境界層の中では,壁に沿う速度成分や壁に垂直な方向の速度勾配が圧倒的に大きい.したがって,ナヴィエ–ストークス方程式の x, y 成分は

$$\frac{\partial u}{\partial t} + u\frac{\partial u}{\partial x} + v\frac{\partial u}{\partial y} = -\frac{1}{\rho}\frac{\partial p}{\partial x} + \nu\frac{\partial^2 u}{\partial y^2} \tag{74}$$

$$\frac{\partial p}{\partial y} = 0 \tag{75}$$

となる.後者は圧力が境界層の厚さ δ にわたって一定であることを意味している.したがって,境界層との接点での外部流の圧力分布 $P(x,\delta,t)$ は境界層の内部の圧力 $p(x,t)$ に等しい.外部領域では粘性の影響は小さく,また流れは境界壁にほぼ平行な一様流であるから

$$\frac{\partial U}{\partial t} + U\frac{\partial U}{\partial x} = -\frac{1}{\rho}\frac{\partial P}{\partial x} \tag{76}$$

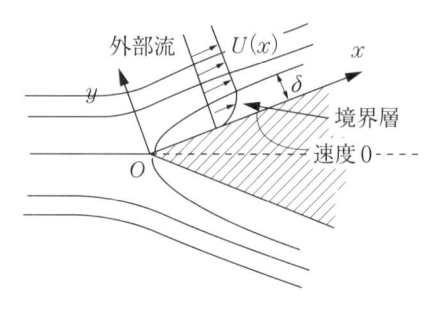

図 25 境界層

4.3 境界層近似

が成り立つ．物体の形が与えられたときに，これを非粘性境界条件のもとで解けばよい．以上より，境界層の中では

$$\frac{\partial u}{\partial x} + \frac{\partial v}{\partial y} = 0 \tag{77}$$

$$\frac{\partial u}{\partial t} + u\frac{\partial u}{\partial x} + v\frac{\partial u}{\partial y} - \nu\frac{\partial^2 u}{\partial y^2} = -\frac{1}{\rho}\frac{\partial p}{\partial x}$$
$$\left(= \frac{\partial U}{\partial t} + U\frac{\partial U}{\partial x}\right) \tag{78}$$

を境界条件：

$$y = 0 \text{ で } u = v = 0 \tag{79a}$$

$$y = \infty \text{ で } u = U(x, t) \tag{79b}$$

のもとで解けばよいことになる．この近似方程式系をプラントルの境界層方程式とよぶ (Prandtl, 1905)．境界層方程式を解くにあたって，圧力場および外側境界条件が既知となっており，初めに3つあった従属変数 (u, v, p) と方程式の数が1つ減って，(u, v) に対する2つの連立微分方程式系になったことが著しい単純化になっている．

たとえば，x 軸方向に置かれた半無限平板を過ぎる定常流では，$\mathrm{d}p/\mathrm{d}x = 0$ で

$$\frac{\partial u}{\partial x} + \frac{\partial v}{\partial y} = 0 \tag{77}$$

$$u\frac{\partial u}{\partial x} + v\frac{\partial u}{\partial y} = \nu\frac{\partial^2 u}{\partial y^2} \tag{80}$$

境界条件は

$$y = 0 \text{ で } u = v = 0 \tag{81a}$$

$$y = \infty \text{ で } u = U_\infty \tag{81b}$$

となる．変数変換

$$\frac{u}{U_\infty} = f'(\eta)$$

$$\frac{v}{U_\infty} = \frac{1}{2}\sqrt{\frac{\nu}{U_\infty x}}(\eta f' - f) \tag{82}$$

$$\eta = \frac{y}{\delta}, \quad \delta = \sqrt{\frac{\nu x}{U_\infty}}$$

を行うと,境界層方程式は

$$2f''' + ff'' = 0 \tag{83}$$

$$\eta = 0 \text{ で } f = f' = 0 \tag{84a}$$

$$\eta = \infty \text{ で } f' = 1 \tag{84b}$$

となる (ブラジウス, Blasius, 1908). これを数値的に解き,壁面上での接線応力 τ_0 を求めると

$$\begin{aligned}\tau_0(x) &= \mu\left(\frac{\partial u}{\partial y}\right)_{y=0} = \mu\left(\frac{\mathrm{d}u}{\mathrm{d}\eta}\frac{\partial \eta}{\partial y}\right)_{\eta=0} \\ &= \sqrt{\frac{\mu\rho U_\infty^3}{x}} f''(0) = 0.332\sqrt{\frac{\mu\rho U_\infty^3}{x}}\end{aligned} \tag{85}$$

が得られる.長さ L,幅 W の平板が一様流と平行に置かれている場合に板にはたらく抵抗 D は,この接線応力を積分し (板には裏表の 2 つの面があることを考慮する)

$$D = W\int_0^L \tau_0(x)\mathrm{d}x \times 2 = 1.328 W\sqrt{\mu\rho L U_\infty^3} \tag{86}$$

となる.抵抗が速度の 3/2 乗に比例すること,また,板の長さの平方根に比例していることが特徴である.これは,板の先端付近で速度勾配の強い部分からの寄与が大きいからで,板の長さが 4 倍になったときに抵抗は 2 倍になる.

ここでみてきた境界層の理論は,レイノルズ数が $10^5 \sim 10^6$ 程度の層流領域で実験とよく一致している.しかし,それ以上の高いレイノルズ数流れになると,流れが乱流状態になるので,また新たな取扱いをしなければならない.

4.4 物体にはたらく抵抗

低レイノルズ数領域で物体にはたらく抵抗 F は，速度の 1 乗に比例する（ストークスの抵抗法則）．他方，高レイノルズ数の流れでは，粘性よりも慣性の影響が大きくなり，抵抗は速度の 2 乗に比例する（ニュートンの抵抗法則）．一般に，静止流体中において速度 U で物体を動かすときには，単位時間あたり $W=FU$ の仕事をしなければならない．逆に，無限遠での流速 U の流れが物体を過ぎると，W だけのエネルギーが物体に与えられ，流れ場は W だけエネルギーを失う．そこで，物体が存在するときとしないときのエネルギーの流れの比

$$C_\mathrm{D} = \frac{FU}{\left(\frac{1}{2}\rho U^2\right)US} = \frac{F}{\frac{1}{2}\rho U^2 S} \tag{87}$$

を定義し，抵抗係数 (drag coefficient) とよぶ．ここで，S は流れに垂直な物体の断面積である．図 26 に円柱に対する C_D の Re 依存性の例 (概念図) を示す．

球に対する C_D の $Re(=2a\rho U/\mu)$ 依存性もこれに類似したものであり，$Re \ll 1$ の領域ではストークスの抵抗法則が成り立つので

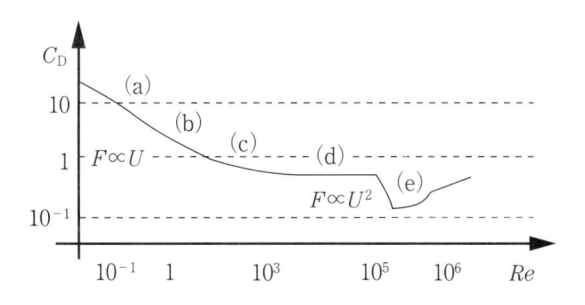

図 26 円柱のまわりの流れと抵抗係数，Re 依存性．図の (a)，(b)$\cdots$ は図 22 の流れに対応する．

$$C_{\mathrm{D}} = \frac{6\pi\mu a U}{(1/2)\rho U^2 \pi a^2} = \frac{12\mu}{\rho U a} = \frac{24}{Re} \tag{88}$$

で表される関係がみられる．また，$Re = 10^2 \sim 10^5$ における平坦な曲線の部分はニュートンの抵抗法則が成り立つ領域である．球の場合には，レイノルズ数が $Re^* = 3 \times 10^5$ 付近に急激に C_D が落ち込んだ領域がある．この現象は，球の後方にできる乱流領域の大きさの変化による．① Re^* よりわずかに小さいときには，球の全面に沿って発達した層流の境界層が，球の前端から測って約 80° のところで球面から剥離し，後方に大きな乱流領域を形成するが，② Re^* を超えたあたりで，前方側の境界層の中が乱流になり，剥離点が後方に (前端から 120° 付近へ) 移動する．その結果，後方の乱流領域はかえって狭くなり，抵抗係数は減少する (図 22(e) も参照)．$Re \sim 3 \times 10^5$ は，野球の投球やバレーボールのサーブなどで変化球を生む領域である．一般に，抵抗の大きさは物体後方にできる乱流領域の大きさにほぼ比例する．流れに沿った細長い物体では，後方にできる乱流領域が非常に狭く抑えられている (これを流線形物体 (streamlined body) という) ので，球のようなずんぐりした物体 (bluff body) に比べて抵抗の大きさははるかに小さくなっている．ところで，Re が Re^* の値に達していない場合でも，物体表面上に凹凸をつけることによって流れを乱し，Re^* を超えた場合の流れと類似のものにすれば，やはり抵抗係数を減少させることができる．ゴルフボールのディンプルはこれを積極的に利用して飛距離の増加を図り，また鮫肌水着やスキーのジャンプウェアも流れをコントロールして抵抗減少を狙ったものである．

4.5 乱　　流

速い流れは，ほとんどの場合乱れている．レイノルズは，管の中を流れる粘性流に染料を流し，層流から乱流への遷移を実験的に示した (1883)．管内を流れるポアズイユ流 (69) はナヴィエ–ストークス方程式の厳密解で

あるから，どのように速い流れでも実現されるはずであるが，現実は必ずしもそのようにはなっていない．これは，同一条件の下で許される流れが一通りではなく，外部撹乱に対して不安定化して別の流れに遷移したためと考えられる．これを端緒に，その後も多くの流れについて流れの安定性，乱流の発生や発達過程，発達した乱流の性質などの研究が行われた．一口に乱流といっても，その成り立ちや維持機構，境界条件の違いなどにより多様であり，統一的な記述にはいたっていない．しかし，どの方向にも一様に乱れた状態が定常的に維持されているような理想化された乱流については，次元解析によって注目すべき関係が得られる．

一般に，乱れの空間的大きさを l，速度の大きさを v とすると，粘性流体では単位時間単位体積あたりのエネルギーの散逸は $\mu v^2/l^2$ と見積もれるので，l の小さいところ，すなわち波数 k の大きな乱れほどエネルギーの散逸が大きい．このことは，定常状態ではエネルギーが低波数領域から高波数領域へ流れていることを意味している．すなわち，図 27 に概念的に示すように，外力によって乱流場に存在する最大スケールの渦 (これは一般に境界条件などに依存する) に与えられたエネルギーが最小スケールの渦までつぎつぎと伝達され，やがて熱エネルギーとして散逸していくようなエネルギーカスケードが生じている．

乱流が"平衡状態"にあるためには，エネルギーの供給が必要である．そこで，単位時間に単位質量の流体に与えられるエネルギーを ε とすると，その次元は $[\varepsilon] = L^2/T^3$ である (ここで L, T はそれぞれ長さ，時間の次元であり，$[Q]$ は Q の次元を意味する)．他方，エネルギー散逸を特徴づける動粘性率は $[\nu] = L^2/T$ である．そこで，波数 $[k] = 1/L$，エネルギースペクトル $[E(k)] = L^3/T^2$ を ε, ν を用いて表現すると $k \propto \varepsilon^{1/4}\nu^{-3/4}$，$E(k) \propto \varepsilon^{1/4}\nu^{5/4}$ であるから

$$E(k) = \varepsilon^{1/4}\nu^{5/4} F(k/k_\mathrm{K}) \tag{89}$$

$$k_\mathrm{K} = \varepsilon^{1/4}\nu^{-3/4} \tag{90}$$

図中ラベル: $E(k)$, エネルギーの供給, ε, $E(k) \propto k^{-5/3}$, ε, k_0, k_K, ε, k, 慣性領域, エネルギーの散逸, 普遍平衡領域

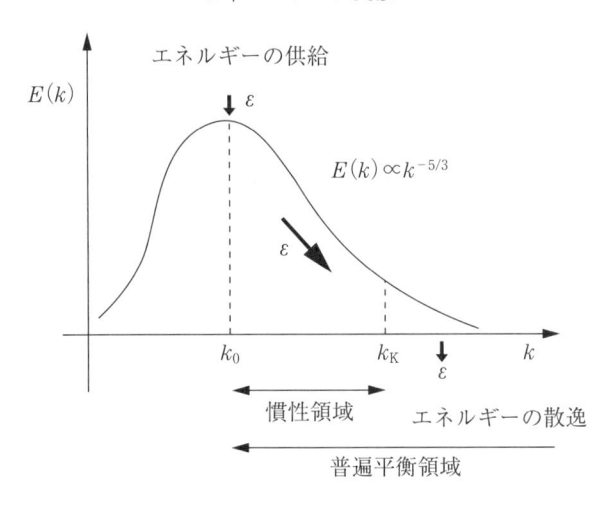

図 27　乱流のエネルギースペクトル（k は波数）

と書ける．ただし，F は無次元の関数である．これをコルモゴロフ (Kolmogorov) の相似則，この関係が成り立つ波数領域を普遍平衡領域という．コルモゴロフは，さらにレイノルズ数が非常に大きい場合に，この領域の中に粘性によらない波数領域 (慣性領域) が存在すると仮定し，式 (89) が ν によらないという条件から

$$E(k) = C_\mathrm{K} k^{-5/3} \varepsilon^{2/3} \tag{91}$$

の関係を導いた (C_K は無次元の普遍定数)．この関係をコルモゴロフの $-5/3$ 乗則とよび (1941 年)，局所等方性や局所相似性の仮定が満たされるような条件下では，観測や実験によりほぼ確かめられている．

　乱流現象の解明や制御などの応用はまだ研究途上にあり，現在でも活発な研究が続けられている．

4.6　オイラー方程式とベルヌーイの定理

非圧縮・非粘性流体では基礎方程式系は

4.6 オイラー方程式とベルヌーイの定理

$$\text{div } \boldsymbol{v} = 0 \tag{61}$$

$$\rho \frac{D\boldsymbol{v}}{Dt} = \rho \boldsymbol{K} - \nabla p \tag{92}$$

となる．後者はオイラー (Euler) 方程式とよばれている．オイラー方程式を変形すると

$$\frac{\partial \boldsymbol{v}}{\partial t} = \boldsymbol{K} - \nabla \left(\frac{1}{\rho} p + \frac{1}{2} v^2 \right) + \boldsymbol{v} \times (\nabla \times \boldsymbol{v}) \tag{93}$$

となる[Q28]．ここで，簡単のために $\rho = $ 一定と仮定した．

渦度のない流れ（渦なし流れ, irrotational flow）では渦度 $\boldsymbol{\omega} \equiv \nabla \times \boldsymbol{v}$ が $\boldsymbol{0}$ であるから，速度はポテンシャル Φ を用いて $\boldsymbol{v} = \nabla \Phi$ と書ける[付録 (G10)]．これらを考慮すると，式 (93) は

$$\boldsymbol{K} = \nabla \left(\frac{\partial \Phi}{\partial t} + \frac{1}{\rho} p + \frac{1}{2} v^2 \right)$$

となる．これが成り立つためには，外力は保存力でなければならない．そこで，外力のポテンシャルを Ω とすると，$\boldsymbol{K} = -\nabla \Omega$ であり，

$$\frac{\partial \Phi}{\partial t} + \frac{1}{\rho} p + \frac{1}{2} v^2 + \Omega = F(t) \tag{94}$$

を得る[付録 (B)][Q29]．ただし，$F(t)$ は任意関数である．式 (94) を圧力方程式 (pressure equation) または一般化されたベルヌーイ (generalized Bernoulli) の定理とよぶ．この関係は，渦なし流れ領域全体で成り立つ．

保存力場内の定常流では，外力のポテンシャルを $\Omega(\boldsymbol{K} = -\nabla \Omega)$ として式 (93) は

$$\nabla \left(\frac{1}{\rho} p + \frac{1}{2} v^2 + \Omega \right) = \boldsymbol{v} \times \boldsymbol{\omega}$$

となる．ここで，$\boldsymbol{v} \times \boldsymbol{\omega}$ は $\boldsymbol{v}$ にも $\boldsymbol{\omega}$ にも垂直なので，勾配 ∇ を計算する方向として $\boldsymbol{v}$ に沿った方向 s(すなわち流線の方向) や渦度 $\boldsymbol{\omega}$ に沿った方向 s'(渦線の方向) に沿って

[Q28] 式 (93) を導け．
[Q29] 式 (94) を導け．

$$\frac{1}{\rho}p + \frac{1}{2}v^2 + \Omega \equiv H = 一定 \tag{95}$$

の関係が成り立つ．これをベルヌーイの定理 (D.Bernoulli, 1738) とよぶ．とくに，地表付近では重力は一様なので，$\Omega = gz$ である．したがって，流線または渦線に沿って

$$p + \frac{1}{2}\rho v^2 + \rho g z = 一定 \tag{96}$$

となる．上式の第2, 3項は質量 ρ の質点のもつ運動エネルギー，位置エネルギーと同じ形である．非粘性流体の運動ではさらに圧力による仕事が加わって，全体がエネルギー保存則を表している．つぎに，ベルヌーイの定理の応用例をいくつか示す．

4.6.1 渦による表面の凹み

静止状態で $z < 0$ の領域を満たしていた無限に広い非圧縮非粘性流体中に，鉛直軸 (z 軸) を中心とした同心円状の流れ

$$v_\phi = \frac{\Gamma}{2\pi R},\ v_R = v_z = 0 \tag{97}$$

がつくられ定常状態に達したとしよう．このときの水面の形は，一般化されたベルヌーイの定理により

$$z = -\frac{\Gamma^2}{8\pi^2 g R^2}$$

となる．なお，Γ は循環とよばれる定数である (後述 (135))．

4.6.2 トリチェリ (Torricelli) の定理

大きな容器の中に流体が満たされ，底付近に小さな孔があけられている (図28)．小孔から水面までの高さを h，水面には大気圧 p_∞ がかかっている．水面では流速がほぼ0，大気圧は水面でも小孔付近でも同じと考えられるので，小孔から流れ出る流体の速さ v はベルヌーイの定理により $v = \sqrt{2gh}$ となる．この結果はトリチェリの定理とよばれる．

4.6 オイラー方程式とベルヌーイの定理

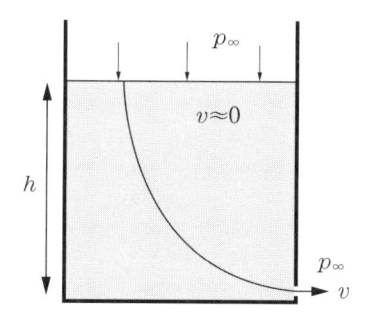

図 28 容器からの流出

4.6.3 ピトー (Pitot) 管

細長い棒の先端と側壁に小さな孔があけられた装置がある．これらはさらに細い管で連結され，間に水銀を満たして両者の圧力差が読み取れるようになっている（図 29）．これを速さ U_∞ の定常流の中に流れと平行に置くとベルヌーイの定理により

$$p = p_\infty + \frac{1}{2}\rho U_\infty{}^2$$

すなわち

$$U_\infty = \sqrt{\frac{2(p - p_\infty)}{\rho}}$$

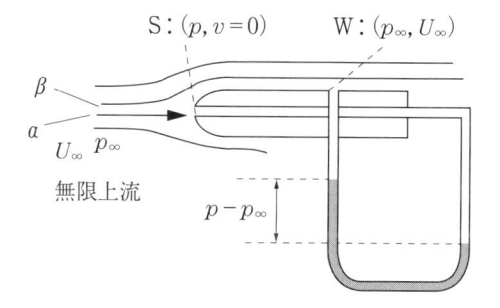

図 29 ピトー管

となる．この装置はピトー管とよばれ，流れの中にかざすだけで流速が簡便に測定できる．

4.6.4 マグナス (Magnus) 効果

ボールを投げるときに，回転を与えたとしよう．簡単のために，ボールを球ではなく円柱で近似する（図 30(a)）．ボールの速度を U，回転角速度を ω とする．また，ボールの運動以外には風などの流れはないとする．いま，円柱とともに動く座標系で考えたとすると，円柱には速度 U の一様流が逆向きにあたっていることになる（図 30(b)）．円柱が回転することによって，物体近傍の点 A の側では U より速く，また点 B の側では U より遅くなる．そこでベルヌーイの定理を用いると，点 A の近傍で p が小さく，点 B の近傍で p が大きいことになる．このために，円柱には B から A に向かう力がはたらき，カーブのような変化球が生じる．

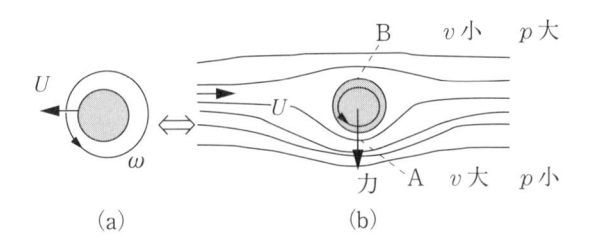

図 30 回転しながら進むボール

4.7 渦 定 理

保存力 ($\boldsymbol{K} = -\nabla \Omega$) を仮定するとオイラー方程式は
$$\frac{\partial \boldsymbol{v}}{\partial t} = -\nabla \left(\frac{1}{\rho}p + \Omega + \frac{1}{2}v^2 \right) + \boldsymbol{v} \times \boldsymbol{\omega}$$
となる．両辺の rot をとると [付録 (E),(G5)]

$$\frac{\partial \boldsymbol{\omega}}{\partial t} = \nabla \times (\boldsymbol{v} \times \boldsymbol{\omega}) \tag{98a}$$

すなわち

$$\frac{D\boldsymbol{\omega}}{Dt} = (\boldsymbol{\omega} \cdot \nabla)\boldsymbol{v} - \boldsymbol{\omega}(\nabla \cdot \boldsymbol{v}) \tag{98b}$$

を得る[Q30]．上式の右辺第1項は，渦度方向に速度が増加する (すなわち渦が引き伸ばされる) と渦度が強くなることを，また第2項は渦度を含む領域が膨張すると渦度が弱くなることを表している．式 (98b) をさらに変形すると

$$\frac{D}{Dt}\left(\frac{\boldsymbol{\omega}}{\rho}\right) = \left(\frac{\boldsymbol{\omega}}{\rho} \cdot \nabla\right)\boldsymbol{v} \tag{99}$$

を得るが，この式は，はじめに渦度 $\boldsymbol{\omega}$ が $\boldsymbol{0}$ であればその後も $\boldsymbol{0}$ であることを，逆に $\boldsymbol{\omega}$ が $\boldsymbol{0}$ でなければその後も $\boldsymbol{0}$ でないことを示している．このように

『保存力場における非粘性流体の運動では，渦は発生することも消滅することもない』

これをラグランジュの渦定理 (Lagrange's theorem on vortex) とよぶ．これは流体運動に伴う角運動量の保存則である．

4.8 渦なし運動とポテンシャル問題

渦なしの流れでは $\boldsymbol{\omega} \equiv \mathrm{rot}\boldsymbol{v} = \boldsymbol{0}$ であるから，速度 $\boldsymbol{v}$ はあるポテンシャル関数 Φ (これを速度ポテンシャル velocity potential とよぶ) を用いて

$$\boldsymbol{v} = \mathrm{grad}\Phi (= \nabla\Phi) \tag{100}$$

と書ける[付録 (B),(G)]．非圧縮の流体ではさらに $\mathrm{div}\boldsymbol{v} = 0$ であるから，式 (100) を代入して

$$\triangle \Phi = 0 \tag{101}$$

[Q30] 式 (98b) を導け．

を得る．式 (101) の演算は時間 t を含まない．したがって，流れが定常か非定常かにかかわらず，与えられた境界条件を満たす Φ を決めれば，式 (100) によって $\boldsymbol{v}$ が決まる．つまり，非圧縮非粘性流体の渦なし流れは "与えられた境界条件を満たす調和関数を求めるポテンシャル問題" と同等ということになる．物体のまわりの流れが決まると，圧力場 p は式 (94) から

$$p = \rho\left(F(t) - \frac{\partial \Phi}{\partial t} - \frac{1}{2}v^2 - \Omega\right)$$

によって定められる．ただし，Ω は外力のポテンシャルである．物体にはたらく力を計算するときには，この圧力を物体表面で積分すればよい．なお，式 (100), (101) は線形であるから重ね合わせが可能であり，基本的な流れを用いてより複雑な流れが表現できるが，圧力場は速度について非線形であり，重ね合わせができない．

簡単な速度ポテンシャルとその流れを示す．

4.8.1 一　様　流

$$\Phi = Ux \quad (U \text{ は定数}) \tag{102}$$

$$\boldsymbol{v} = (u, v, w) = (U, 0, 0) \tag{103}$$

これは，x 軸に平行な一様流 (uniform flow) である．

4.8.2 湧き出し・吸い込み

$$\Phi = -\frac{m}{r} \quad (m \text{ は定数}) \tag{104}$$

ラプラス方程式の球対称な解がこの形である．速度場は

$$v_r = \frac{\partial \Phi}{\partial r} = \frac{\partial}{\partial r}\left(-\frac{m}{r}\right) = \frac{m}{r^2}, \quad v_\theta = v_\phi = 0 \tag{105}$$

であるから，流れは原点から放射状に湧き出し ($m > 0$)，あるいは吸い込まれる ($m < 0$)．前者を湧き出し流 (source flow)，後者を吸い込み流 (sink flow) とよぶ (図 31)．湧き出しの流量 Q は原点を中心とした半径 R の球面上で流速を積分して

4.8 渦なし運動とポテンシャル問題

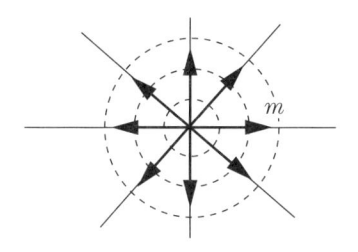

図 31 湧き出し流

$$Q = \int_{r=R} v_r \mathrm{d}S = \int_{r=R} \frac{m}{r^2} \mathrm{d}S = 4\pi m \tag{106}$$

と計算される．式 (104), (105) の m を Q で表すと $\Phi = -Q/4\pi r$, $v_r = Q/4\pi r^2$ となる．このポテンシャル Φ や速度場 $\boldsymbol{v}$ は電磁気学において"点電荷"のつくる電位や電場 (クーロンの法則) と形式的には同じである．

4.8.3 半無限物体を過ぎる流れ

U, m を定数 $(m > 0)$ として

$$\Phi = Ux - \frac{m}{r} \tag{107}$$

前述の一様流 (102) と湧き出し流 (104) を加えたもので，このときの流れは図 32 に示したようなものとなる．x 軸上の点 P では湧き出しによる左向

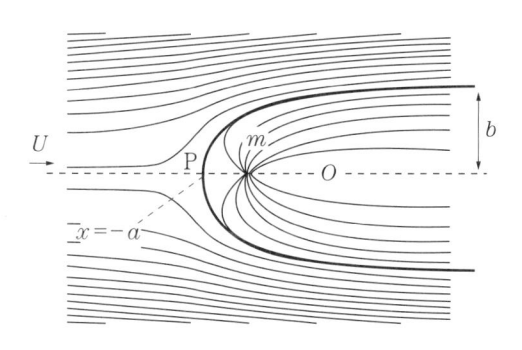

図 32 半無限物体を過ぎる流れ

きの流れと右向きの一様流が釣り合ってよどみ点となっている[Q31]．無限下流では，流れはいたるところ一様流と平行で，原点から湧き出した流体はすべて半無限の回転対称な筒の中を流れる．流れの領域は，図の太い実線の内外で分けられ，流体が相互に出入りすることはない．非粘性の流体では，流体が物体表面に沿って滑ることが許されるので，湧き出しを含む側の領域をそれと同じ形の物体で置きかえても外側の流れには影響しない．したがって，この例は半無限の柱状回転体を過ぎる流れと考えてもよい．

4.8.4 ランキンの卵型

$$\Phi = Ux - \frac{m}{r} + \frac{m}{r'} \tag{108}$$

これは，前項の一様流と湧き出しの系にさらに同じ強さの吸い込みを置いたもので，湧き出した流体が吸い込まれ有限な領域で閉じた流線ができる(図33)．この領域は，卵のような形をしており，ランキンの卵型 (Rankine's ovoid) とよばれている．その外部の流れは，卵形の物体を過ぎる流れと同じである．とくに，湧き出しと吸い込みの距離 δ を接近させ，同時に $m\delta$ を一定に保ちながら m を増加させていくと，ランキンの卵は球に近づく．

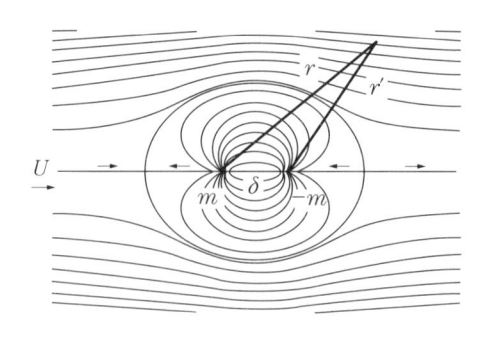

図 33　ランキンの卵型

[Q31] よどみ点の座標を求めよ．

4.8.5 2重湧き出し

$$\Phi = -\frac{D\cos\theta}{r^2} \tag{109}$$

これは,同じ強さ m の湧き出しと吸い込みを距離 δ 隔てて置き,$m\delta = D = $ 一定として $\delta \to 0$,$m \to \infty$ とするときに得られるものである.実際,図 34 のように変数を選ぶと速度ポテンシャルは

$$\Phi = -m\left(\frac{1}{r'} - \frac{1}{r}\right) \to -\frac{m\delta\cos\theta}{r^2} = -\frac{D\cos\theta}{r^2}$$

となる.これはまた

$$\Phi = -\frac{Dx}{r^3} = D\frac{\partial}{\partial x}\left(\frac{1}{r}\right) \tag{110}$$

と表すこともできる.これを2重湧き出し (doublet) とよぶ.流れの概形を図 34 に示す.流体は x 軸の正の方向に流れ出し,負の方向から戻ってくる.再び,電磁気学とのアナロジーでいえば,これは電気2重極 (electric dipole) や磁気2重極 (magnetic dipole) と同じである.

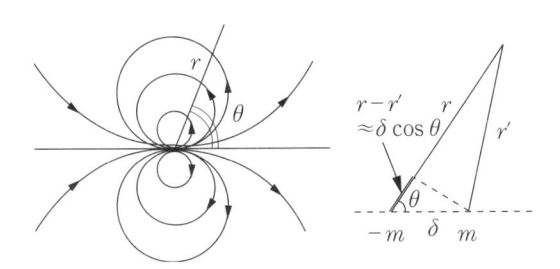

図 34 2重湧き出し

4.9 2次元の渦なし流

2次元の流れについて考える.経路 C 上の微小線分 (距離 ds) を左側から右側へ通り抜ける流量を $d\Psi$ とすると,

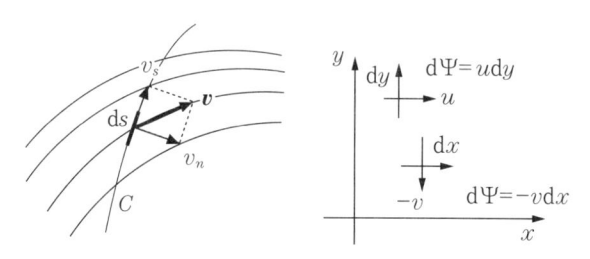

図 35　2次元の流れ

$$d\Psi = v_n ds, \quad \text{あるいは} \quad v_n = \frac{\partial \Psi}{\partial s} \tag{111}$$

となる(図35). ただし, v_n は経路に垂直な速度の成分である. 流線に沿った経路 C では $v_n = 0$ であるから $d\Psi = 0$, したがって, Ψ は流れに沿って一定である. 逆に, ここで定義した関数 Ψ が一定という関係を満たす曲線は流線を表す. この関数 Ψ を流れの関数 (stream function) とよぶ. 2次元の直角座標 (x, y), 速度場 (u, v) に対しては

$$u = \frac{\partial \Psi}{\partial y}, \quad v = -\frac{\partial \Psi}{\partial x} \tag{112}$$

と表される. 他方, 渦なしの流れは速度ポテンシャル Φ を用いて $\boldsymbol{v} = \text{grad}\Phi$ と表すことができる. したがって, 速度場 (u, v) はつぎの2通りに表現できる.

$$u = \frac{\partial \Phi}{\partial x} = \frac{\partial \Psi}{\partial y} \tag{113a,b}$$

$$v = \frac{\partial \Phi}{\partial y} = -\frac{\partial \Psi}{\partial x} \tag{113c,d}$$

これは, コーシー–リーマン (Cauchy-Riemann) の関係式であり, $f \equiv \Phi + i\Psi$ は $z \equiv x + iy$ の解析関数になっている ($i = \sqrt{-1}$). したがって, たとえば f を z で微分すると

$$\frac{df}{dz} = \frac{\partial f}{\partial x} = \frac{\partial}{\partial x}(\Phi + i\Psi)$$

$$= \frac{\partial \Phi}{\partial x} + i\frac{\partial \Psi}{\partial x} = u - iv \equiv w \tag{114}$$

が得られる．w を複素速度 (complex velocity)，f を複素速度ポテンシャル (complex velocity potential) とよぶ．極座標表示では w は

$$w = |w|\mathrm{e}^{-i\theta}, \ |w| = \left|\frac{\mathrm{d}f}{\mathrm{d}z}\right| = \sqrt{u^2 + v^2}, \ \tan\theta = \frac{v}{u} \tag{115}$$

となる．このように，微分可能な z の任意の複素関数が非圧縮非粘性の 2 次元渦なし流れを表す．つぎに，簡単な複素速度ポテンシャルとその流れを示す．

4.9.1 一　様　流

$$f = Uz \quad (\text{ただし，} U \text{ は実定数}) \tag{116}$$

複素速度は $w = \mathrm{d}f/\mathrm{d}z = U$ である．したがって，これは x 軸に平行な一様流を表す．また，$f = U(x+iy) = \Phi+i\Psi$ であるから，$\Phi = Ux$, $\Psi = Uy$ となり，これからも流線が $y = $ 一定の直線群であることがわかる．他方，y 軸に平行な直線群 ($x = $ 一定) は等ポテンシャル線を与える．これは流線と直交する．もし，U が複素数：$U = |U|\exp(-i\alpha)$ であれば，一様流の大きさは $|U|$，向きは x 軸から正の向きに測って角度 α の方向となる．

4.9.2 角をまわる流れ

$$f = Az^n \quad (\text{ただし，} A, n \text{ は実定数}) \tag{117}$$

複素速度は $w = nAz^{n-1}$ である．したがって，速度の大きさは $|w| = nAr^{n-1}$ となる．また，$f = Ar^n\exp(in\theta) = \Phi + i\Psi$ であるから，$\Phi = Ar^n\cos(n\theta)$, $\Psi = Ar^n\sin(n\theta)$ となり，これから直線 $\theta = (k\pi)/n$ が流線であることはただちにわかる (ただし $k = 0, 1, \ldots$)．これ以外の流線は「$r^n\sin(n\theta) = $ 一定」を満たす曲線群，また，等ポテンシャル線は「$r^n\cos(n\theta) = $ 一定」を満たす曲線群であり，両者は直交する (図 36)．直線 $\theta = (k\pi)/n$

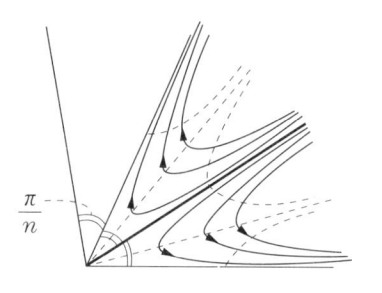

図 36 角をまわる流れ

を固体壁で置きかえても，これらの壁のあいだにある流体の流れは変わらないので，式 (117) の表す流れは，角度 π/n で交わる 2 つの壁のあいだの角をまわる流れを表す．とくに，$n=1$ の場合には流れは 4.9.1 項と一致する．また，$n=2$ の場合には式 (117) を直接計算して $f = Az^2 = A(x+iy)^2 = A(x^2-y^2+2ixy) = \Phi + i\Psi$．これからも，$\Phi = A(x^2-y^2)$，$\Psi = 2Axy$ を得る．流線も等ポテンシャル線も双曲線群で，互いに直交している．ところで，$n<1$ のときには $|w|$ が原点で無限大になり，また式 (94) から圧力が負の無限大になってしまう．これは，2 つの壁の交角が $180°$ 以上になり，とがった角の頂点で流れの不連続 (剥離) が起こることに対応している．

4.9.3 渦糸による流れ

$$f = i\kappa \log z \quad (\text{ただし，}\kappa \text{は実定数}) \tag{118}$$

複素速度は $w = i\kappa/z$ である．極座標で表示すれば

$$w = \frac{i\kappa}{r}\exp(-i\theta) = \frac{\kappa}{r}\exp\left[-i\left(\theta - \frac{\pi}{2}\right)\right]$$

これから $v_r = 0$，$v_\theta = -\kappa/r$ を得る．また，$f = i\kappa(\log r + i\theta) = \Phi + i\Psi$ であるから，$\Phi = -\kappa\theta$，$\Psi = \kappa\log r$ を得る．流線は同心円群であり，$\kappa>0$ のときには，時計まわりの流れを表す (図 37(a))．等ポテンシャル線は「$\theta =$ 一定」，すなわち，原点を通る放射線群で，流線とは直交する．また，

4.9　2次元の渦なし流

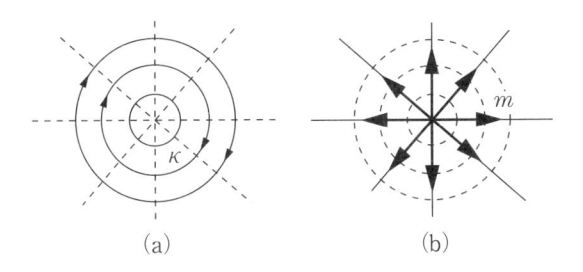

図 37　(a) 渦糸，(b) 湧き出し流れ

$$\Gamma + iQ \equiv \int_c w\,\mathrm{d}z = \int_c \frac{i\kappa}{z}\mathrm{d}z = -2\pi\kappa$$

したがって，$\Gamma = -2\pi\kappa$, $Q = 0$ である．4.10節で述べるように，この流れは2次元の渦糸による流れであり，Γ は循環定数 (後述 (135))，Q は湧き出し量 (流量) である．

4.9.4　湧き出しによる流れ

$$f = m\log z \quad (\text{ただし，} m \text{ は実定数}) \tag{119}$$

複素速度は $w = m/z$ である．極座標で表示すれば $w = m\exp(-i\theta)/r$, これから $v_r = m/r$, $v_\theta = 0$ を得る．また，$f = m(\log r + i\theta) = \Phi + i\Psi$ であるから，$\Phi = m\log r$, $\Psi = m\theta$ を得る．流線は放射状の直線群であり，$m > 0$ のときには，中心から外向きの流れを表す (図37(b))．等ポテンシャル線は $r = $ 一定，すなわち，同心円群で，流線とは直交する．また，

$$\Gamma + iQ = \int_c w\,\mathrm{d}z = \int_c \frac{m}{z}\mathrm{d}z = 2\pi i m$$

したがって，$\Gamma = 0$, $Q = 2\pi m$ である．この流れを2次元の湧き出し流という．

4.9.5　2重湧き出しによる流れ

$$f = -D/z \quad (\text{ただし，} D \text{ は実定数}) \tag{120}$$

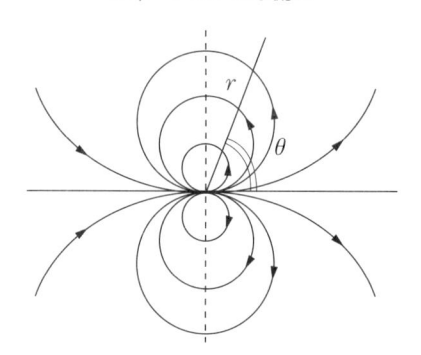

図 38 2重湧き出し流

複素速度は $w = D/z^2$ である．また，$f = -D\exp(-i\theta)/r = \Phi + i\Psi$ から，$\Phi = -D\cos\theta/r$, $\Psi = D\sin\theta/r$．したがって流線は

$$\Psi = \frac{D\sin\theta}{r} = \frac{Dy}{r^2} = 一定$$

すなわち

$$x^2 + \left(y - \frac{D}{2\Psi}\right)^2 = \left(\frac{D}{2\Psi}\right)^2$$

で与えられる．これは原点で接し中心が y 軸上にある偏心円群である．他方，等ポテンシャル線は，原点で接し中心が x 軸上にある偏心円群で，これも流線と直交する(図38)．この流れを2次元の2重湧き出し流という．

4.9.6　一様流中に静止する円柱

一様流と2重湧き出しを加えた流れの複素速度ポテンシャルは

$$f = Uz + \frac{Ua^2}{z} \tag{121}$$

で，これから

$$\Phi = U\left(r + \frac{a^2}{r}\right)\cos\theta, \quad \Psi = U\left(r - \frac{a^2}{r}\right)\sin\theta$$

$$v_r = \frac{\partial \Phi}{\partial r} = U\left(1 - \frac{a^2}{r^2}\right)\cos\theta$$

$$v_\theta = \frac{1}{r}\frac{\partial \Phi}{\partial \theta} = -U\left(1 + \frac{a^2}{r^2}\right)\sin\theta \tag{122}$$

を得る．円柱表面で $\Psi = 0$ (あるいは $v_r = 0$)，したがって静止する円柱を過ぎる一様流を表す．また，$v_\theta = -2U\sin\theta$ であるから，$\theta = \pm\pi/2$ で x 軸方向に最大の速度 $2U$ を生じている．

4.9.7　一様流中に静止する円柱で循環を伴う場合

円柱の外部は，2重連結領域であるから循環 Γ をもつ流れが可能である (4.10 節)．したがって，この場合のもっとも一般的なポテンシャルは

$$f = U\left(z + \frac{a^2}{z}\right) + \frac{i\Gamma}{2\pi}\log z \tag{123}$$

となる．流れの様子は Γ の大きさによって分類できる．よどみ点は

(a)　$\Gamma < 4\pi Ua$ では円柱表面上の 2 点

(b)　$\Gamma = 4\pi Ua$ では円柱上の 1 点 $z = -ia$

(a)　$\Gamma < 4\pi Ua$　　　　(b)　$\Gamma = 4\pi Ua$

(c)　$\Gamma > 4\pi Ua$

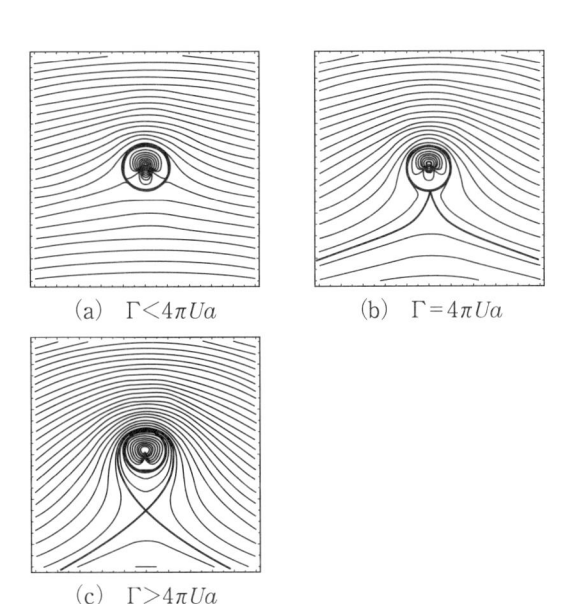

図 39　円柱のまわりの流れ

(c) $\Gamma > 4\pi U a$ では虚数軸上の円柱内部と外部に 1 つずつに存在する[Q32]. それぞれに対応した流れの様子を図 39(a), (b), (c) に示す.

4.9.8 円柱にはたらく力

円柱にはたらく力は, 圧力を積分して求められる. すなわち, 円柱の単位長さあたりにはたらく力 $\boldsymbol{F} = (F_x, F_y)$ は

$$F_x = \int_c (-p) \mathrm{d}s \cos\theta = \int_{-\pi}^{\pi} (-p) a \cos\theta \mathrm{d}\theta \tag{124a}$$

$$F_y = \int_c (-p) \mathrm{d}s \sin\theta = \int_{-\pi}^{\pi} (-p) a \sin\theta \mathrm{d}\theta \tag{124b}$$

を計算すればよい. これより

$$F_x = 0 \tag{125a}$$

$$F_y = \rho U \Gamma \tag{125b}$$

を得る[Q33]. 円柱に抵抗がはたらかないというのは直感 (あるいは観測結果) と矛盾するので, これをダランベールのパラドックス (d'Alembert's paradox) という. 他方, F_y は流れに対して垂直にはたらく力 (これを揚力 (lift) という) で, これが $\rho U \Gamma$ で与えられるという結果はクッタ–ジューコフスキーの定理 (Kutta-Joukowski's theorem) とよばれる.

4.9.9 平板を過ぎる一様流と飛行の理論

x 軸上に置かれた平板 (幅 $4a$) に一様流が角度 α であたっているとする. 平板は変換

$$z = \zeta + \frac{a^2}{\zeta} \tag{126}$$

により $\zeta = \xi + i\eta$ 平面上の円 (半径 a) に等角写像されるので, 前の結果が利用できる. ところで, 平板の後端で流れが滑らかであることを仮定する

[Q32] よどみ点の座標を求めよ.
[Q33] 式 (125a,b) を導け.

と（これをクッタの条件，あるいはジューコフスキーの仮定とよぶ）

$$\Gamma = 4\pi a U \sin\alpha \tag{127}$$

の関係が得られる[Q34]．これを用いると，平板にはたらく揚力 L は単位長さあたり

$$L = \rho U \Gamma = 4\pi a \rho U^2 \sin\alpha \tag{128}$$

となる．これが飛行機の揚力[Q35]を与える．

4.9.10 ブラジウスの公式

物体のまわりの流れを表す複素速度ポテンシャルが与えられると，それから速度場 $\boldsymbol{v}$ がわかるので，ベルヌーイの定理により圧力を求め，これをその物体表面上で積分すれば力が決まる．このようにして

$$F_x - iF_y = \frac{i\rho}{2}\int_C \left(\frac{df}{dz}\right)^2 dz \tag{129}$$

を得る．$(df/dz)^2$ は解析関数であるから，積分路としては，物体を取り囲み正則な領域内にある勝手な閉曲線 C に拡張することができる．式 (129) をブラジウスの第1公式 (Blasius' 1st theorem) とよぶ．同様にして，力のモーメント $\boldsymbol{M}$ も計算できる．2次元流であるから，$\boldsymbol{M}$ は xy 面に垂直な成分 M_z だけである．物体表面上で位置 $\boldsymbol{r}$ にある微小部分 ds にはたらく力 $d\boldsymbol{F} = (dF_x, dF_y)$ が原点のまわりにつくるモーメントは $dM_z = (\boldsymbol{r}\times d\boldsymbol{F})_z = x dF_y - y dF_x$，物体全体ではこれを表面上で積分すればよい．これから

$$M_z = -\frac{\rho}{2}\mathrm{Re}\int_C \left(\frac{df}{dz}\right)^2 z\,dz \tag{130}$$

を得る．ここでも，積分路としては，物体を取り囲み正則な領域内にある勝手な閉曲線 C に拡張することができる．式 (130) をブラジウスの第2公式 (Blasius' 2nd theorem) とよぶ．

[Q34] 式 (127) を導け．
[Q35] ジャンボジェットの離陸可能な速度を計算せよ．

一様流中に物体が置かれており，複素速度ポテンシャルが

$$f = Uz + (a_0 + ib_0)\log z + \frac{a_1 + ib_1}{z} + \cdots \tag{131}$$

のように与えられていると

$$F_x = -2\pi\rho U a_0 \tag{132a}$$

$$F_y = 2\pi\rho U b_0 \tag{132b}$$

$$M_z = 2\pi\rho(a_0 b_0 - U b_1) \tag{133}$$

となる[Q36]．以上の結果は，物体にはたらく力やモーメントを計算するには，複素速度ポテンシャル (131) の $1/z$ までの展開係数がわかればよいということを示している．物理的には，これらは「一様流」，「湧き出し (吸い込み)」や「渦」，「2 重湧き出し」に対応するものである．

4.10　渦度と循環

速度場が

$$\bm{v} = \left(-\frac{\Omega y}{R^2}, \frac{\Omega x}{R^2}, 0\right) \tag{134a}$$

あるいは

$$(v_R, v_\phi, v_z) = \left(0, \frac{\Omega}{R}, 0\right) \tag{134b}$$

で与えられる流れを考えてみよう．これは式 (97) や (118) と同様に，その流線は原点を中心とした同心円群で，Ω が正ならば反時計まわりである．遠方にいくほど速度の大きさは 0 に近づく．渦度 $\bm{\omega}$ は $R = 0$ では無限大であるが，$R \neq 0$ では 0，すなわち "渦なし" である．したがって，これは z 軸に沿って置かれた集中した渦度による特異的な流れを表している．

一般に，閉曲線に沿ってその曲線に平行な速度成分を積分したもの

$$\Gamma(C) = \int_C \bm{v}\cdot d\bm{s} = \int_C \mathrm{grad}\Phi\cdot d\bm{s}$$

[Q36] 式 (132a,b) を求めよ．

4.10 渦度と循環

$$= \int_C \mathrm{d}\Phi = [\Phi]_C = \Phi_+ - \Phi_- \tag{135}$$

を循環とよぶ．ここで，$[\Phi]_C$ は閉曲線 C 上を 1 周したときの終点と始点での Φ の差を表す．式 (134) で与えられる流れについて循環を計算すると

$$\Gamma(C) = \int_0^{2\pi} v_\phi R \mathrm{d}\phi = 2\pi\Omega = 一定$$

となり，渦巻き状の流れの強さを表すのに都合がよい．式 (135) はストークス (Stokes) の定理[付録 (F1)]により

$$\Gamma(C) = \int_C \boldsymbol{v} \cdot \mathrm{d}\boldsymbol{s} = \int_S \mathrm{rot}\boldsymbol{v} \cdot \mathrm{d}\boldsymbol{S} = \int_S \boldsymbol{\omega} \cdot \mathrm{d}\boldsymbol{S} \tag{136}$$

と書きかえることもできる．ただし，S は閉曲線 C で囲まれた面，$\mathrm{d}\boldsymbol{S}$ はその上の面要素ベクトルである．式 (136) は，循環が渦度の大きさとそれに垂直な面積の積に等しいことを意味している．有限な大きさの渦度が有限な面積にわたって分布していても，循環 Γ さえ等しければ C の外側の流れに与える影響は同じである．そこで，「流体中の細長い領域に沿って渦度が連なっていて固有な循環をもつ」場合には，「それと同じ循環をもち線状に集中した渦度分布」というものが物理的な実体を理想化した概念として意味をもつ．後者を渦糸 (vortex filament) とよぶ．これは，力学で質点を定義したときに，物体という大きさのある実体を，質量という固有な大きさをもつが大きさは 0 という理想化を行ったのと同様である．

保存力場における非粘性流では，循環の保存則が成り立つ．すなわち，閉曲線 C に沿う循環 $\Gamma(C)$ が流れに乗って移動していくときに生じる変化は

$$\frac{D\Gamma}{Dt} = -\int_C \nabla\left(\frac{p}{\rho} + \Omega\right) \cdot \mathrm{d}\boldsymbol{s} + \int_C \mathrm{d}\left(\frac{v^2}{2}\right)$$
$$= \left[\frac{v^2}{2} - \left(\frac{p}{\rho} + \Omega\right)\right]_C \tag{*}$$

となるが[Q37]，v, p/ρ, Ω のいずれも空間的に 1 価関数であるから，最後の辺の値は 0 となる．したがって，

[Q37] 式 (*) を導け．

『流体とともに動く閉曲線に沿って計算した循環は保存される』
という結果を得る．これをケルヴィン (Kelvin) の循環定理という．

閉曲線を通る渦線群がつくる管状の領域を渦管 (vortex tube) という．1 つの渦管の表面上に勝手な閉曲線 C を考えると，この上では面ベクトルと渦度ベクトルはつねに直交しているから，$\boldsymbol{\omega} \cdot \mathrm{d}\boldsymbol{S} = 0$ であり，式 (136) から $\Gamma(C) = 0$ となる．閉曲線のとり方を工夫すると

『1 つの渦管について，これを同方向に取り巻くどのような閉曲線をとっても，それに沿う循環は保存される』

という結論が導かれる．これをヘルムホルツ (Helmholtz) の渦定理という．この保存則により，渦管は流体中で途切れることはなく，境界まで伸びているか，あるいは自分自身で閉じて輪を形成していなくてはならない．後者のような渦を渦輪 (vortex ring) とよぶ．もし，渦管の横断面内の渦度の大きさ ω が一様であるとすると，断面積を S として，「$\omega S = $ 一定」が渦管に沿って成り立つ．たとえば，じょうご形の竜巻の上層部では渦度が小さくても，地上付近では断面積が小さくなるために渦度は非常に強くなり，強風や低圧による多大な被害をもたらすということが起こる．

渦輪は渦管が自分自身で閉じたもので流体中に孤立して存在する．この渦度分布は，次節に示すような速度を誘導し，渦輪はそれに乗って運動する．たとえば，半径 R，太さ $2a$，循環 Γ の細い ($a \ll R$) ドーナツ状の渦輪は，渦輪の面に垂直に速度 U

$$U = \frac{\Gamma}{4\pi R} \left(\log \frac{8R}{a} - \frac{1}{4} \right) \tag{137}$$

で並進運動する．

直線状の渦糸 1 本だけでは自己誘導速度はもたないが，渦糸が複数存在すると，その相互作用により移動が起こる．たとえば，循環 Γ の 2 本の渦糸が距離 h を隔てて反平行に置かれていると，それらは渦糸を含む面に垂直に速度 U

$$U = \frac{\Gamma}{2\pi h} \tag{138}$$

で並進運動を，平行に置かれていると両者の中心（重心）のまわりを角速度 $Uh/2$ で回転する．前者は渦対とよばれている．一般に，渦糸が 3 本以上あると複雑な運動が起こり得る．また，1 本の渦糸でも直線から変形すると，自己誘導速度によりさらに複雑な変形が起こり得る．乱流をこのような渦糸の集合としてとらえる見方もある．

4.11　湧き出し分布・渦度分布による流れ

一般に，ベクトル場 $\boldsymbol{v}$ はスカラーポテンシャル ϕ とベクトルポテンシャル $\boldsymbol{A}$ を用いて[付録 (B),(E)]

$$\boldsymbol{v} = \nabla\phi + \nabla \times \boldsymbol{A} \tag{139}$$

と表される (ヘルムホルツの定理)．湧き出し分布 $s(\boldsymbol{r})$ や渦度分布 $\boldsymbol{\omega}(\boldsymbol{r})$ が

$$\nabla \cdot \boldsymbol{v} = s(\boldsymbol{r}) \tag{140a}$$

$$\nabla \times \boldsymbol{v} = \boldsymbol{\omega}(\boldsymbol{r}) \tag{140b}$$

のように与えられたとき[付録 (C),(E)]のポテンシャルは

$$\phi(\boldsymbol{r}) = -\frac{1}{4\pi}\int_V \frac{s(\boldsymbol{r}')}{|\boldsymbol{r}-\boldsymbol{r}'|}\mathrm{d}V' \tag{141a}$$

$$\boldsymbol{A}(\boldsymbol{r}) = \frac{1}{4\pi}\int_V \frac{\boldsymbol{\omega}(\boldsymbol{r}')}{|\boldsymbol{r}-\boldsymbol{r}'|}\mathrm{d}V' \tag{141b}$$

となるので[Q38]，速度場は

$$\boldsymbol{v} = \frac{1}{4\pi}\int_V \frac{s(\boldsymbol{r}')(\boldsymbol{r}-\boldsymbol{r}')}{|\boldsymbol{r}-\boldsymbol{r}'|^3}\mathrm{d}V' + \frac{1}{4\pi}\int_V \frac{\boldsymbol{\omega}(\boldsymbol{r}')\times(\boldsymbol{r}-\boldsymbol{r}')}{|\boldsymbol{r}-\boldsymbol{r}'|^3}\mathrm{d}V' \tag{142}$$

となる．

特別な場合として，大きさ $sdV = s_0$ の湧き出しが点 $\boldsymbol{r}'$ の近くの非常に小さな領域に局在していたとすると，式 (142) の右辺第 1 項から

$$\boldsymbol{v} = \frac{s_0(\boldsymbol{r}-\boldsymbol{r}')}{4\pi|\boldsymbol{r}-\boldsymbol{r}'|^3} \tag{143}$$

[Q38] 式 (139), (140a) を解いて式 (141a) を求めよ．

を得る．これは点電荷 e による電場 (クーロンの法則) と同じ形である．後者とは $s_0 \Leftrightarrow e/\varepsilon_0$ の対応がある (ただし，ε_0 は真空の誘電率)．また，$\boldsymbol{\omega}\mathrm{d}V$ として曲線上の微小部分 $\mathrm{d}\boldsymbol{s}(\boldsymbol{r}')$ に分布した渦度 $\boldsymbol{\omega}\mathrm{d}V = \Gamma\mathrm{d}\boldsymbol{s}(\boldsymbol{r}')$ を考えると，この部分が点 $\boldsymbol{r}$ につくる速度場 $\delta\boldsymbol{v}$ は，式 (142) の右辺第 2 項から

$$\delta\boldsymbol{v} = \frac{\Gamma\mathrm{d}\boldsymbol{s} \times (\boldsymbol{r} - \boldsymbol{r}')}{4\pi|\boldsymbol{r} - \boldsymbol{r}'|^3} \tag{144}$$

となる．これは，曲線上に局在した渦度分布，すなわち渦糸のつくる流れで，電流による磁場を表すビオ–サバールの法則と同じ形である．後者とは $\boldsymbol{v} \Leftrightarrow \boldsymbol{H}$ または $(\boldsymbol{B}/\mu_0)$, $\Gamma \Leftrightarrow I$ の対応がある (ただし，$\boldsymbol{H}$ は磁場，$\boldsymbol{B}$ は磁束密度，μ_0 は真空の透磁率，I は電流)．なお，式 (135) はアンペールの法則に対応する．

4.12 水面波

非粘性・非圧縮性流体中の 2 次元の波を考える．簡単のために，水深 h は一定とする．静止状態での表面に沿って x 軸，鉛直上向きに z 軸を選ぶ (図 40)．また，速度場を $\boldsymbol{v} = (u, w)$，圧力場を p，重力加速度を g(一定) とする．

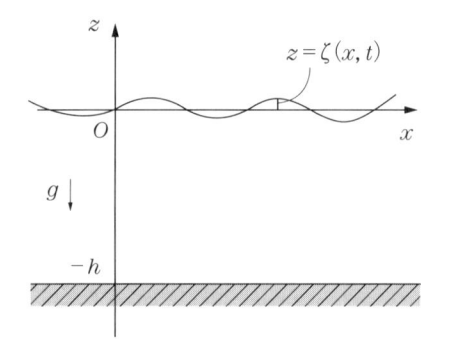

図 40 水面波

4.12 水面波

まず,非圧縮性から $\mathrm{div}\boldsymbol{v}=0$. また,流体運動は初め渦なしであったからラグランジュの渦定理によりその後も渦なしであり $\mathrm{rot}\boldsymbol{v}=\boldsymbol{0}$ が成り立つ. したがって,速度場は $\boldsymbol{v}=\mathrm{grad}\Phi$, ただし,$\Delta\Phi=0$ と表すことができる[付録 (G)].

つぎに,境界条件を考える. まず,水底は固体境界であるから,速度の法線成分 w は 0, すなわち,$z=-h$ で

$$\frac{\partial\Phi}{\partial z}=0 \tag{145}$$

水面の高さを $z=\zeta(x,t)$ と置くと,ここでは変形する面上の境界条件が適用される. すなわち,境界上の流体粒子は任意の時刻において $F\equiv z-\zeta(x,t)=0$ であるから,$DF/Dt=0$, すなわち

$$\frac{\partial\zeta}{\partial t}+\frac{\partial\Phi}{\partial x}\frac{\partial\zeta}{\partial x}-\frac{\partial\Phi}{\partial z}=0 \tag{146}$$

が成り立つ. この条件は運動学的条件とよばれる. さらに,自由表面においては,速度と応力の釣合いが必要である. 粘性を無視しているので,後者は応力の法線成分,すなわち圧力の釣合いとなる. 我々の系では,時間変化はあるが渦なしであるから,圧力方程式 (一般化されたベルヌーイの定理) が成り立つ. したがって,

$$\frac{\partial\Phi}{\partial t}+\frac{1}{2}|\mathrm{grad}\Phi|^2+g\zeta=0 \tag{147}$$

となる. ただし,水面 $z=\zeta(x,t)$ で圧力が $p=p_\infty$ であることを考慮して式 (94) で $F(t)=p_\infty/\rho$ と選んだ. 式 (147) は力学的条件とよばれる.

ここで,変位 ζ やその時間変化が ε 程度の微小量であると仮定し,微小量 ε 程度までの近似を行うと,式 (146), (147) は $z=0$ 上で

$$\frac{\partial\zeta}{\partial t}-\frac{\partial\Phi}{\partial z}=0, \quad \frac{\partial\Phi}{\partial t}+g\zeta=0$$

となる. 以上をまとめると,微小振幅の波は

$$\Delta\Phi=0 \tag{148}$$

$$z=-h \text{ で } \quad \frac{\partial\Phi}{\partial z}=0 \tag{149}$$

によって決定されることになる．

式 (148) の解のうち正弦波的な進行波は

$$\Phi(x, z, t) = C \cosh[k(z+h)] \cos(kx - \omega t) \tag{151}$$
$$\omega = \sqrt{gk \tanh(kh)}$$

$$z = 0 \text{ 上で} \quad \frac{\partial^2 \Phi}{\partial t^2} + g\frac{\partial \Phi}{\partial z} = 0 \tag{150}$$

で与えられる．C は任意定数である．

水面の変位 ζ は ε 程度までの近似で

$$\zeta = -\frac{1}{g}\left(\frac{\partial \Phi}{\partial t}\right)_{z=0} = A \sin(kx - \omega t) \tag{152}$$

である．ただし $A = -\omega C \cosh(kh)/g$ と置いた．また速度 (位相速度)v_p は

$$v_\mathrm{p} \equiv \frac{\omega}{k} = \sqrt{\frac{g}{k} \tanh(kh)} \tag{153}$$

で与えられる．位相速度は着目する 1 つの振動数と波数をもつ波の伝播速度を表している．この式のように位相速度と波数 (あるいは波長) の関係を与える式を分散関係とよぶ．これを図 41 に示す．

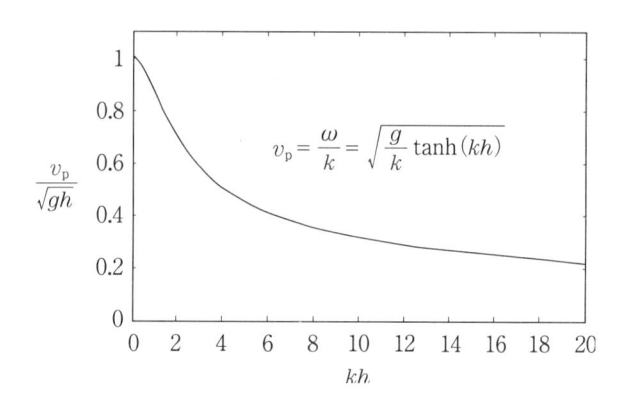

図 41 分散関係

4.12 水面波

　一般に，波の速度が波長や振動数によって変化すると，仮に初めに撹乱が局在していても，時間の経過とともに広がっていく．そこで，いろいろな波数や振動数を含んだ撹乱が全体としてどのような速度で伝わっていくかを示すものを群速度 v_g とよび，$v_\mathrm{g} = \mathrm{d}\omega/\mathrm{d}k$ で定義する．上の例では

$$v_\mathrm{g} \equiv \frac{\mathrm{d}\omega}{\mathrm{d}k} = \frac{1}{2}\sqrt{\frac{g}{k}\tanh(kh)}\left(1 + \frac{2kh}{\sinh(2kh)}\right) \tag{154}$$

である．微小振幅の 1 次までの近似では，v_p, v_g いずれも波の振幅には依存しない．とくに，$kh \ll 1$ では

$$v_\mathrm{p} \fallingdotseq v_\mathrm{g} \fallingdotseq \sqrt{gh} \tag{155}$$

となる．この波は，波長 $\lambda(=2\pi/k)$ に比べて水深 h が非常に浅い場合，あるいは水深 h に比べて波長 λ が非常に長い場合に相当するので，浅水波または長波という．この浅水波には，分散性がない．したがって，水深が一定であれば，ある時刻での水面の変位 $\zeta = F(x)$ は，その後も形を変えず $\zeta = F(x \pm vt)$ のように伝わっていく．

　なお，この近似が成り立つ範囲内では，水深 h の大きいほうが位相速度は大きい．岸から緩やかに深くなっていくような海岸線に打ち寄せる波は，このために，つねに岸に垂直に進んでくることになる．すなわち，波面は岸に平行になる (図 42)．

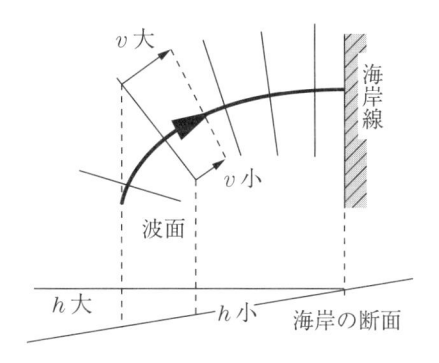

図 42　岸に寄せる波

逆に，$kh \gg 1$ では

$$v_\mathrm{p} \fallingdotseq \sqrt{\frac{g}{k}} = \sqrt{\frac{\lambda g}{2\pi}} \tag{156}$$
$$v_\mathrm{g} \fallingdotseq (1/2) v_\mathrm{p}$$

である．この近似が成り立つ範囲内では，波長 λ の大きい波のほうが速く進むことになる．これを分散性波動という．また，重力が復元力になっている波であるから，重力波 (gravity wave) または波長に比べて深い流体領域で成り立つという意味で，深水波 (deep water wave) などとよばれる．

付録
よく使うベクトル解析の関係式

A. ベクトルの演算

(i) スカラー積とベクトル積: 2つのベクトル a, b の積は2種類ある.演算した後にスカラーになるものを**スカラー積**とよび, $a \cdot b$ のようにドット($\cdot$)で表す.これは2つのベクトルの大きさ $|a|, |b|$ とそれらの間の角度 θ の cos を用いて $a \cdot b = |a||b|\cos\theta$ で定義される.これは,力 F と仕事 W の関係 $W = F \cdot r$ (r は移動ベクトル) などで使われている.他方,演算した後にベクトルになるものを**ベクトル積**とよび, $a \times b$ のようにクロス($\times$)で表す.このベクトルの大きさは,2つのベクトルの大きさ $|a|, |b|$ とそれらの間の角度 θ の sin を用いて $|a \times b| = |a||b|\sin\theta$ で定義される.この大きさは2つのベクトルを2辺とする平行四辺形の面積に等しい. $a \times b$ の向きは a, b を含む面に垂直で, a から b へベクトルを回したとき,右ねじの進む向きとする(図参照).力のモーメント $M = r \times F$ などに登場する.

直角座標系 (x, y, z) でそれぞれの方向の単位ベクトルを i, j, k と表すと $i \cdot i = j \cdot j = \ldots = 1,\ \ i \cdot j = j \cdot k = \ldots = 0$ となるので,ベクト

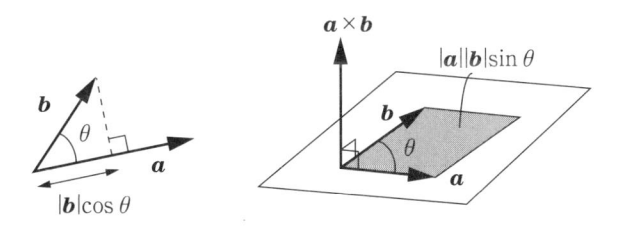

ル a をこれらの座標軸方向に射影し ($a_x = \boldsymbol{a}\cdot\boldsymbol{i},\ldots$ など), 合成すると $\boldsymbol{a} = a_x\boldsymbol{i} + a_y\boldsymbol{j} + a_z\boldsymbol{k} = (a_x, a_y, a_z)$ などと表される. これを使うと

$$\boldsymbol{a}\cdot\boldsymbol{b} = a_x b_x + a_y b_y + a_z b_z \tag{A1}$$

また,

$$\boldsymbol{i}\times\boldsymbol{i} = \boldsymbol{j}\times\boldsymbol{j} = \ldots = 0, \quad \boldsymbol{i}\times\boldsymbol{j} = -\boldsymbol{j}\times\boldsymbol{i} = \boldsymbol{k}, \quad \ldots$$

$$\boldsymbol{a}\times\boldsymbol{b} = \begin{vmatrix} \boldsymbol{i} & \boldsymbol{j} & \boldsymbol{k} \\ a_x & a_y & a_z \\ b_x & b_y & b_z \end{vmatrix} = (a_y b_z - a_z b_y)\boldsymbol{i} + \ldots \tag{A2}$$

などと計算される.

(ii) 3つのベクトルの積: 3つのベクトル $\boldsymbol{a},\boldsymbol{b},\boldsymbol{c}$ の積はこれらの組み合わせにより3種類ある. まず, 2つのベクトル $\boldsymbol{b},\boldsymbol{c}$ からスカラー積 $\boldsymbol{b}\cdot\boldsymbol{c}$ とベクトル積 $\boldsymbol{b}\times\boldsymbol{c}$ がつくられる. 前者はスカラーなので残りのベクトル $\boldsymbol{a}$ との演算は単なる定数倍 $(\boldsymbol{b}\cdot\boldsymbol{c})\boldsymbol{a}$ になるだけである. 他方, 後者はベクトルであるから, 残りのベクトル $\boldsymbol{a}$ とは (i) で述べた2種類の演算が可能である.

$$\boldsymbol{b}\cdot\boldsymbol{c} \quad \to \quad (\boldsymbol{b}\cdot\boldsymbol{c})\boldsymbol{a} \tag{A3}$$

$$\boldsymbol{b}\times\boldsymbol{c} \to \begin{cases} \boldsymbol{a}\cdot(\boldsymbol{b}\times\boldsymbol{c}) & \text{(A4)} \\ \boldsymbol{a}\times(\boldsymbol{b}\times\boldsymbol{c}) & \text{(A5)} \end{cases}$$

式 (A4) の $\boldsymbol{a}\cdot(\boldsymbol{b}\times\boldsymbol{c})$ はベクトル $\boldsymbol{a},\boldsymbol{b},\boldsymbol{c}$ を3辺とする平行六面体の体積を表す. また, 式 (A5) を書き直すと

$$\boldsymbol{a}\times(\boldsymbol{b}\times\boldsymbol{c}) = (\boldsymbol{a}\cdot\boldsymbol{c})\boldsymbol{b} - (\boldsymbol{a}\cdot\boldsymbol{b})\boldsymbol{c} \tag{A6}$$

とも表せる[†1].

B. 勾　　配 (p.23, 39, 55, 59, 75)

関数 $y = f(x)$ の微分係数 dy/dx は一般に変化率を表すが，横軸に x 軸，縦軸に y 軸をとって幾何学的に見れば，曲線の傾き，すなわち勾配を表している．2つ以上の変数に依存する関数では，この変化率はどの変数を変えるかで異なる．たとえば，3変数関数 $f(x,y,z)$ で y,z を変えずに x だけを変化させたときの変化率を表すのが偏微分係数：

$$\lim_{\Delta x \to 0} \frac{f(x+\Delta x, y, z) - f(x,y,z)}{\Delta x} = \frac{\partial f}{\partial x} \tag{B1}$$

である．これは f を x 方向についてだけ変化させたときの変化率(勾配)である．y, z についての勾配も同様にして求められる．そこで x, y, z 方向の偏微分係数をそれぞれ x, y, z 成分としたものを**勾配** (gradient) とよび，∇f, あるいは $\mathrm{grad} f$ と表す．ここで ∇ をナブラとよぶ．すなわち

$$\nabla f = \mathrm{grad} f = \left(\frac{\partial f}{\partial x}, \frac{\partial f}{\partial y}, \frac{\partial f}{\partial z} \right) \tag{B2}$$

仕事と位置エネルギーの関係 $dW = \boldsymbol{F} \cdot d\boldsymbol{r}$ から $\boldsymbol{F} = \nabla W = -\nabla \phi$ を導くときなどに使われ，$\phi(=-W)$ はポテンシャルとよばれる．

曲面 $\phi(\boldsymbol{r}) = $ 一定上で点 $\boldsymbol{r}$ およびその近傍の点 $\boldsymbol{r} + d\boldsymbol{r}$ を考えると

$$d\phi = \phi(\boldsymbol{r} + d\boldsymbol{r}) - \phi(\boldsymbol{r}) = 0$$

になっている．これを具体的に計算すると

[†1] ベクトル $\boldsymbol{b}$ に沿って x 軸，$\boldsymbol{b}, \boldsymbol{c}$ を含む面内で x 軸と垂直に y 軸を選ぶ(このように座標軸を選んでも一般性を失うことはない)．このとき $\boldsymbol{b} = b_x \boldsymbol{i}$, $\boldsymbol{c} = c_x \boldsymbol{i} + c_y \boldsymbol{j}$ と表せる．さらにこの x, y 軸と垂直に z 軸を(右手系になるように)選ぶと，第3のベクトルは一般に $\boldsymbol{a} = a_x \boldsymbol{i} + a_y \boldsymbol{j} + a_z \boldsymbol{k}$ となる．これから $\boldsymbol{b} \times \boldsymbol{c} = b_x c_y \boldsymbol{k}$ であり，

$$\boldsymbol{a} \times (\boldsymbol{b} \times \boldsymbol{c}) = a_y b_x c_y \boldsymbol{i} - a_x b_x c_y \boldsymbol{j}$$

$$= (\underline{a_x c_x} + a_y c_y) b_x \boldsymbol{i} - a_x b_x (\underline{c_x \boldsymbol{i}} + c_y \boldsymbol{j}) = (\boldsymbol{a} \cdot \boldsymbol{c}) \boldsymbol{b} - (\boldsymbol{a} \cdot \boldsymbol{b}) \boldsymbol{c}$$

と表される(アンダーライン部は同じものを加減していることに注意)．

曲面 ϕ = const.

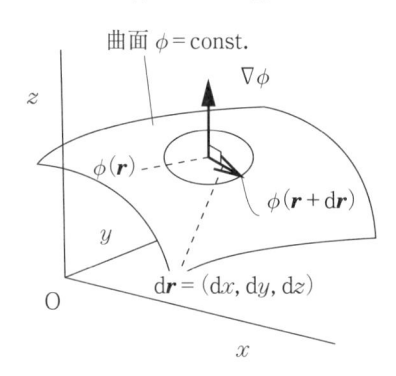

$$\frac{\partial \phi}{\partial x}\mathrm{d}x + \frac{\partial \phi}{\partial y}\mathrm{d}y + \frac{\partial \phi}{\partial z}\mathrm{d}z = (\nabla \phi) \cdot \mathrm{d}\boldsymbol{r} = 0$$

となるが，スカラー積が 0 になるのは 2 つのベクトルが直交するときであるから，上式は $\nabla \phi \perp \mathrm{d}\boldsymbol{r}$ を意味する．ところで $\mathrm{d}\boldsymbol{r}$ は曲面上で $\boldsymbol{r}$ の近傍の任意の位置であったから，

$\nabla \phi$ は曲面 $\phi(\boldsymbol{r}) = $ 一定 (等ポテンシャル面) と直交する (B3)

ことを意味する．すなわち，$\nabla \phi$ は等ポテンシャル面に垂直な"力線"の方向を示す．地形を例にとれば等ポテンシャル面は等高線であり，$\nabla \phi$ は最大傾斜の方向，したがって，水が流れ落ちる (あるいはボールが転がっていく) 方向に対応する．また，電磁気学では前者は等電位面，後者は電気力線を表す．

偏微分係数が 0 の場合，たとえば $\partial f/\partial x = 0$ の場合は x 方向に変化がないことを示すだけで，他の方向の勾配については言及していない．これに対して $\nabla f = \boldsymbol{0}$ であればどの方向にも勾配がない，すなわち定数となる．

C. 発　散 (p.15, 27, 35, 75)

面ベクトルと流量： 流体が断面積 S を垂直に速さ v で通過するとき，単位時間あたりに流れる体積を流量 (flux) とよぶ．これを Q とすると $Q = Sv$

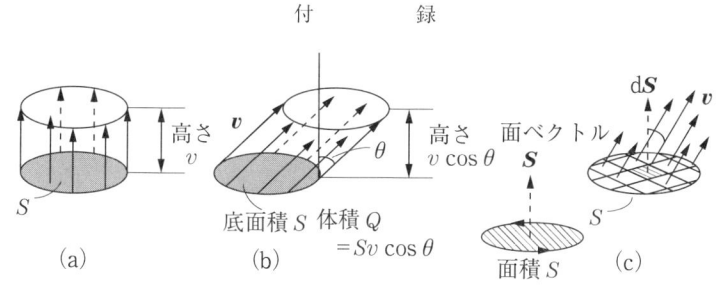

である (図 (a))．つぎに，図 (b) のように断面に対して斜めに流れたときは，高さが $v\cos\theta$ であることから $Q = Sv\cos\theta$ と表される．さて，面には裏表があるので，図 (c) のように面の縁を回るときに右ねじが進む向きを正とする．この向きをもち，大きさが面積に等しいベクトルを面ベクトル $\boldsymbol{S}$ と定義する．これを用いると $Q = \boldsymbol{v}\cdot\boldsymbol{S}$ と表される．また，$\boldsymbol{n} \equiv \boldsymbol{S}/S$ を面の法線ベクトルという．

考えている面 S の中で部分ごとに速度 (の大きさや向き) が異なる場合には，面 S を N 個の小さな面に分割し，その微小な面 $\mathrm{d}\boldsymbol{S}_i$ について上の関係を適用する．これにより，微小面を通過する流量 $\mathrm{d}Q_i$ は $\mathrm{d}Q_i = \boldsymbol{v}_i\cdot\mathrm{d}\boldsymbol{S}_i$ となるので，これを加え合わせれば

$$Q = \sum_{i=1}^{N} \boldsymbol{v}_i \cdot \mathrm{d}\boldsymbol{S}_i \qquad (*)$$

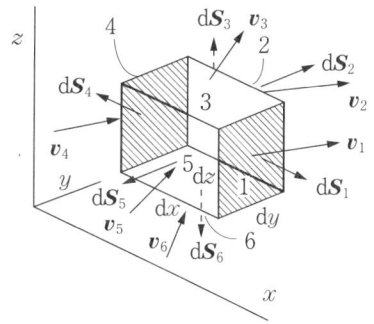

を得る．より正確には，この分割を無限に小さくして積分に移行する：

$$Q = \int_{\text{面 } S \text{ 全体}} \boldsymbol{v}\cdot\mathrm{d}\boldsymbol{S} = \int_S \boldsymbol{v}\cdot\boldsymbol{n}\mathrm{d}S \qquad \text{(C1)}$$

図のように，辺の長さが $\mathrm{d}x, \mathrm{d}y, \mathrm{d}z$ の直方体の表面から単位時間あたりに流出する体積を計算してみよう．直方体の内部から外部に向かう向きを面の正方向とすると，各面の面ベクトルは

$$d\boldsymbol{S}_1 = (\mathrm{d}y\mathrm{d}z, 0, 0), \quad \mathrm{d}\boldsymbol{S}_4 = (-\mathrm{d}y\mathrm{d}z, 0, 0)$$
$$\mathrm{d}\boldsymbol{S}_2 = (0, \mathrm{d}z\mathrm{d}x, 0), \quad \mathrm{d}\boldsymbol{S}_5 = (0, -\mathrm{d}z\mathrm{d}x, 0)$$
$$\mathrm{d}\boldsymbol{S}_3 = (0, 0, \mathrm{d}x\mathrm{d}y), \quad \mathrm{d}\boldsymbol{S}_6 = (0, 0, -\mathrm{d}x\mathrm{d}y)$$

となる．式 (∗) に代入し，面の向きと流れの向きを考慮して $\mathrm{d}Q = \boldsymbol{v}_1 \cdot \mathrm{d}\boldsymbol{S}_1 + \boldsymbol{v}_2 \cdot \mathrm{d}\boldsymbol{S}_2 + \ldots + \boldsymbol{v}_6 \cdot \mathrm{d}\boldsymbol{S}_6$ を計算する．すなわち

$$\boldsymbol{v}_1 \cdot \mathrm{d}\boldsymbol{S}_1 + \boldsymbol{v}_4 \cdot \mathrm{d}\boldsymbol{S}_4 = v_x(x+\mathrm{d}x, y, z)\mathrm{d}y\mathrm{d}z - v_x(x, y, z)\mathrm{d}y\mathrm{d}z$$
$$= \left(\frac{\partial v_x}{\partial x}\mathrm{d}x + \ldots\right)\mathrm{d}y\mathrm{d}z$$

同様にして

$$\boldsymbol{v}_2 \cdot \mathrm{d}\boldsymbol{S}_2 + \boldsymbol{v}_5 \cdot \mathrm{d}\boldsymbol{S}_5 = \left(\frac{\partial v_y}{\partial y}\mathrm{d}y + \ldots\right)\mathrm{d}z\mathrm{d}x$$
$$\boldsymbol{v}_3 \cdot \mathrm{d}\boldsymbol{S}_3 + \boldsymbol{v}_6 \cdot \mathrm{d}\boldsymbol{S}_6 = \left(\frac{\partial v_z}{\partial z}\mathrm{d}z + \ldots\right)\mathrm{d}x\mathrm{d}y$$

となるので，これらを加え合わせて

$$\mathrm{d}Q = \left(\frac{\partial v_x}{\partial x} + \frac{\partial v_y}{\partial y} + \frac{\partial v_z}{\partial z}\right)\mathrm{d}V$$

を得る (ただし，$\mathrm{d}V = \mathrm{d}x\mathrm{d}y\mathrm{d}z$)．これから単位体積あたりの流量は

$$\lim_{\mathrm{d}V \to 0}\frac{\mathrm{d}Q}{\mathrm{d}V} = \frac{\partial v_x}{\partial x} + \frac{\partial v_y}{\partial y} + \frac{\partial v_z}{\partial z}$$

となる．この右辺の表現を**発散** (divergence) とよび，div と表す．すなわち

$$\mathrm{div}\,\boldsymbol{v} = \frac{\partial v_x}{\partial x} + \frac{\partial v_y}{\partial y} + \frac{\partial v_z}{\partial z} \tag{C2}$$

流体の場合にはこの流量をとくに "湧き出し量" とよぶ[†2]．

[†2] 体積膨張率と発散：
一般に固体を暖めると膨張する．この場合を例にして体積膨張を計算してみよう．簡単のために辺の長さがそれぞれ $\Delta x, \Delta y, \Delta z$ の微小な直方体がそれぞれの方向に微小量 $\Delta u, \Delta v, \Delta w$ だけ伸びたとする (後者は前者に比べてさらに小さな長さとする)．この場合には，はじめの体積 V は $\Delta x \Delta y \Delta z$，膨張後には $V + \Delta V = (\Delta x + \Delta u)(\Delta y + \Delta v)(\Delta z + \Delta w)$ となっているので，体積膨張の割合は

$$\frac{\Delta V}{V} = \frac{(\Delta x + \Delta u)(\Delta y + \Delta v)(\Delta z + \Delta w) - \Delta x \Delta y \Delta z}{\Delta x \Delta y \Delta z}$$
$$= \frac{\Delta u \Delta y \Delta z + \Delta v \Delta z \Delta x + \Delta w \Delta x \Delta y + \ldots}{\Delta x \Delta y \Delta z} = \frac{\Delta u}{\Delta x} + \frac{\Delta v}{\Delta y} + \frac{\Delta w}{\Delta z} + \ldots$$

D. ガウスの定理 (p.23, 38)

前述した発散 (∗) をもう少し一般化する．下図のように，2 つの直方体 (cell–1,cell–2) が合わさった領域を考える．2 つの直方体の隣接した面では，一方の面から流れ出た流量は，他方の面に流れ込む流量となるので差引の流量は 0 となっている．すなわち，この面を通して

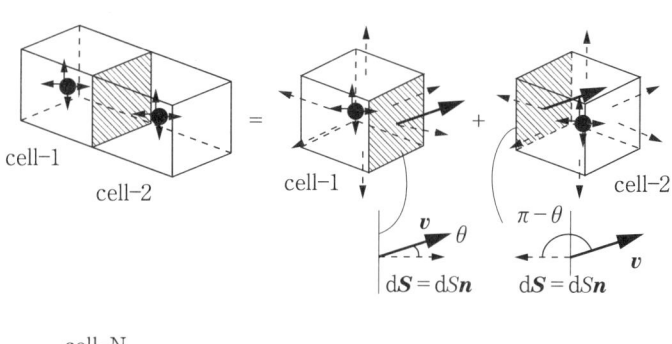

$d\boldsymbol{S} = dS\boldsymbol{n}$ $d\boldsymbol{S} = dS\boldsymbol{n}$

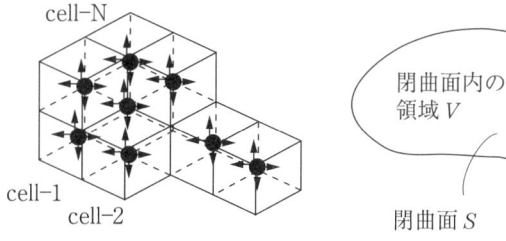

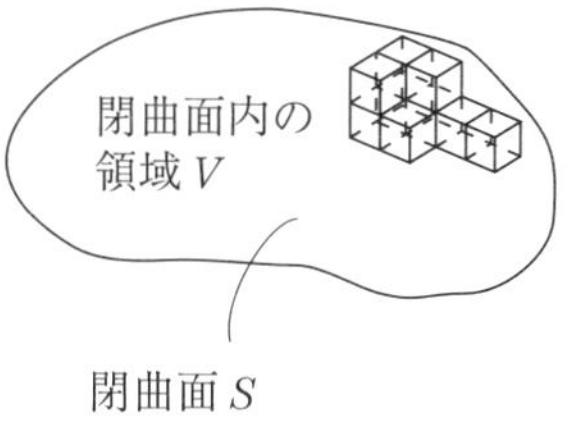

cell–N

閉曲面内の領域 V

閉曲面 S

となる．ただし，最後の右辺の...は $\Delta u, \Delta v, \Delta w$ の 2 つ以上の積になっている．ここで $\Delta x, \Delta y, \Delta z \to 0$ とすると，例えば $\Delta u/\Delta x$ は y, z を一定にして x 方向だけの変化を計算しているので

$$\frac{\Delta u}{\Delta x} \to \frac{\partial u}{\partial x}$$

などとなる．したがって，

$$\frac{\Delta V}{V} \to \frac{\partial u}{\partial x} + \frac{\partial v}{\partial y} + \frac{\partial w}{\partial z} = \mathrm{div}\,\boldsymbol{u}$$

となる．これが体積膨張率であり，変位 $\boldsymbol{u}$ の発散 $\mathrm{div}\,\boldsymbol{u}$ に等しい．

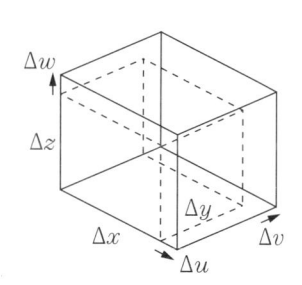

cell–1 側から : $\boldsymbol{v}\cdot\mathrm{d}\boldsymbol{S} = v\mathrm{d}S\cos\theta$

cell–2 側から : $\boldsymbol{v}\cdot\mathrm{d}\boldsymbol{S} = v\mathrm{d}S\cos(\pi-\theta) = -v\mathrm{d}S\cos\theta$

したがって，2 つの直方体を合わせた領域では，それを取り囲む外側の面だけを考えればよい．この事情はさらに複雑な多面体になっても同じで，領域の一番外側の面から流れ出る流量だけが残る．他方，湧き出し量はそれぞれの領域からの流量の和になる．任意の形をした平曲面に対しても同様で，領域を小さな直方体に分割して和をとり，分割を無限に小さくした極限をとれば

$$Q = \int_{\text{平曲面 }S} \boldsymbol{v}\cdot\mathrm{d}\boldsymbol{S} = \int_{\text{平曲面 }S} \boldsymbol{v}\cdot\boldsymbol{n}\mathrm{d}S = \int_{\text{平曲面内の領域 }V} \mathrm{div}\boldsymbol{v}\mathrm{d}V \quad (\text{D1})$$

を得る．これを**ガウス** (Gauss) **の定理**という[†3][†4]．

E. 回　　　転 (p.15, 27, 35, 58, 75)

図のように，z 軸のまわりに微小角度 ω の回転をしたときに，位置 $\boldsymbol{r} = (x,y,z)$ の点 P の移動先 P′ は，点 P から $\boldsymbol{u} = (u,v,w) = (-\omega y, \omega x, 0)$ だけ変位している．逆に，この変位を使って回転角を表すと

$$\omega = -\frac{\partial u}{\partial y} = \frac{\partial v}{\partial x} = \frac{1}{2}\left(\frac{\partial v}{\partial x} - \frac{\partial u}{\partial y}\right)$$

と表される．一般に $\boldsymbol{\omega} = (\omega_x, \omega_y, \omega_z)$ の方向を軸として回転している場合も，変位は $\boldsymbol{u} = \boldsymbol{\omega}\times\boldsymbol{r}$ と表され (右の図を参照)，その成分 (u,v,w) は

[†3] 流体が 1 点から湧き出していて，湧き出し量が Q であるとする．このときの流速を求めよ．
　(解) S として半径 R の球面をとると，対称性からこの上では速度は半径方向で (v_r 成分のみ)，その大きさは等しい．したがって $4\pi R^2 v_r = Q$. これより

$$v_r = \frac{Q}{4\pi R^2}$$

となる．これは電磁気学におけるクーロンの法則と同形である．

[†4] 地表では平均して $q \approx 1\mathrm{cal/cm}^2/$分 の熱エネルギーが太陽から降り注いでいる．地球の公転軌道半径を $R(=1.5\times 10^{11}\mathrm{m})$ とし，太陽からどの方向にも一様にエネルギーが放射されているとして，太陽で発生しているエネルギーを計算せよ．ただし 1 cal =4.2 J．
　(解) $Q = 4\pi R^2 q = 2\times 10^{26}$ J/s となる．なお，実測値は 3.9×10^{26} J/s である．

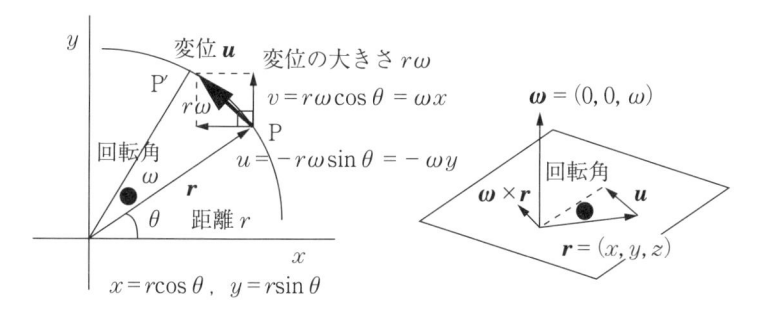

$$\boldsymbol{u} = \begin{pmatrix} u \\ v \\ w \end{pmatrix} = \begin{vmatrix} \boldsymbol{i} & \boldsymbol{j} & \boldsymbol{k} \\ \omega_x & \omega_y & \omega_z \\ x & y & z \end{vmatrix} = \begin{pmatrix} \omega_y z - \omega_z y \\ \omega_z x - \omega_x z \\ \omega_x y - \omega_y x \end{pmatrix}$$

となるので，回転角は

$$\omega_x = \frac{1}{2}\left(\frac{\partial w}{\partial y} - \frac{\partial v}{\partial z}\right), \omega_y = \frac{1}{2}\left(\frac{\partial u}{\partial z} - \frac{\partial w}{\partial x}\right), \omega_z = \frac{1}{2}\left(\frac{\partial v}{\partial x} - \frac{\partial u}{\partial y}\right) \tag{E1}$$

で与えられる．ここに現れた演算の 2 倍を**回転** (rotation) とよび，$\nabla\times$, rot, curl などと表す：

$$\begin{aligned}
&\left(\frac{\partial w}{\partial y} - \frac{\partial v}{\partial z}\right)\boldsymbol{i} + \left(\frac{\partial u}{\partial z} - \frac{\partial w}{\partial x}\right)\boldsymbol{j} + \left(\frac{\partial v}{\partial x} - \frac{\partial u}{\partial y}\right)\boldsymbol{k} \\
&= \begin{vmatrix} \boldsymbol{i} & \boldsymbol{j} & \boldsymbol{k} \\ \frac{\partial}{\partial x} & \frac{\partial}{\partial y} & \frac{\partial}{\partial z} \\ u & v & w \end{vmatrix} = \begin{vmatrix} \boldsymbol{i} & \boldsymbol{j} & \boldsymbol{k} \\ \frac{\partial}{\partial x} & \frac{\partial}{\partial y} & \frac{\partial}{\partial z} \\ u_x & u_y & u_z \end{vmatrix} = \nabla\times\boldsymbol{u} = \mathrm{rot}\,\boldsymbol{u}
\end{aligned} \tag{E2}$$

変位 $\boldsymbol{u}$ の回転 (rot) は剛体回転角の 2 倍を，また速度 $\boldsymbol{v}$ の回転 (rot) は回転角速度の 2 倍を表す．とくに rot$\boldsymbol{v}$ は渦度 (vorticity) とよばれ，流体の渦運動の強さを表す．

F. ストークスの定理 (p.73)

図 (b) に示したように，xy 面内の微小な長方形 ABCD((x,y) を中心とし，辺の長さを dx, dy とする) の周 C_i に沿って $\sum \boldsymbol{v} \cdot d\boldsymbol{s}^{(i)}$ を計算する．周 C_i を区間 A→B，B→C，C→D，D→A に分けて計算すると

$$\boldsymbol{v} \cdot d\boldsymbol{s}^{(A \to B)} + \boldsymbol{v} \cdot d\boldsymbol{s}^{(B \to C)} + \boldsymbol{v} \cdot d\boldsymbol{s}^{(C \to D)} + \boldsymbol{v} \cdot d\boldsymbol{s}^{(D \to A)}$$
$$= v_x\left(y - \frac{dy}{2}\right)dx + v_y\left(x + \frac{dx}{2}\right)dy - v_x\left(y + \frac{dy}{2}\right)dx - v_y\left(x - \frac{dx}{2}\right)dy$$
$$= -\left[v_x\left(y + \frac{dy}{2}\right) - v_x\left(y - \frac{dy}{2}\right)\right]dx + \left[v_y\left(x + \frac{dx}{2}\right) - v_y\left(x - \frac{dx}{2}\right)\right]dy$$
$$= -\frac{\partial v_x}{\partial y}dydx + \frac{\partial v_y}{\partial x}dxdy = (\mathrm{rot}\boldsymbol{v})_z dS_z^{(i)}$$

となる．勝手な向きをもつ面に対しては，これを xy, yz, zx 面に射影して加え合わせればよいので

$$\sum_{C_i} \boldsymbol{v} \cdot d\boldsymbol{s}^{(i)} = (\mathrm{rot}\boldsymbol{v}) \cdot d\boldsymbol{S}^{(i)}$$

が得られる．

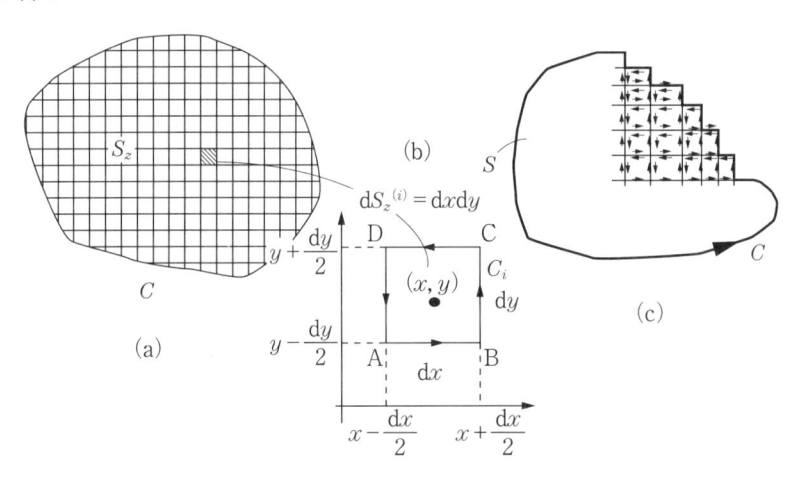

図 (a) の面 S_z 全体を考えるには，これを微小な面 $\mathrm{d}S_z^{(i)}$ に分割し i について和をとる．このとき，内部にある周については周を回る向きが逆になったものが現れ $\boldsymbol{v}\cdot\mathrm{d}\boldsymbol{s}$ が打ち消し合うので，残るのは最外周に沿うものだけとなる (図 (c))：

$$\sum_{i=1}^{N}\sum_{C_i}\boldsymbol{v}\cdot\mathrm{d}\boldsymbol{s}^{(i)} = \sum_{C(\text{最外周})}\boldsymbol{v}\cdot\mathrm{d}\boldsymbol{s}$$

他方，$(\mathrm{rot}\,\boldsymbol{v})\cdot\mathrm{d}\boldsymbol{S}^{(i)}$ は i について和をとると加算される．したがって

$$\sum_{C(\text{最外周})}\boldsymbol{v}\cdot\mathrm{d}\boldsymbol{s} = \sum_{i=1}^{N}(\mathrm{rot}\,\boldsymbol{v})\cdot\mathrm{d}\boldsymbol{S}^{(i)}$$

分割を無限に小さくしていくと，これは積分に移行し

$$\int_C \boldsymbol{v}\cdot\mathrm{d}\boldsymbol{s} = \int_S (\mathrm{rot}\,\boldsymbol{v})\cdot\mathrm{d}\boldsymbol{S} \tag{F1}$$

となる．これは勝手な向きをもつ面に対しても拡張できる．式 (F1) を**ストークス (Stokes) の定理**という．

G. ナブラを含む演算 (p.23, 26, 27, 55, 58, 59, 77)

ナブラ ∇ はベクトル的な演算なので，前述のベクトルの演算規則が適用される．ただし，演算の及ぶ対象を明確にする必要があるので注意が必要である．

(i) **ナブラ 1 つの演算**： 演算の対象がスカラー ϕ のときは前述の勾配 ($\nabla\phi=\mathrm{grad}\,\phi$) となる．対象がベクトル $\boldsymbol{v}$ のときは，ナブラが対象に演算してスカラーをつくる $\nabla\cdot\boldsymbol{v}(\equiv\mathrm{div}\,\boldsymbol{v})$ か，またはベクトルをつくる $\nabla\times\boldsymbol{v}(\equiv\mathrm{rot}\,\boldsymbol{v})$ かのいずれかである．前者は発散，後者は回転である．

$$\phi \xrightarrow{\nabla} \nabla\phi \tag{G1}$$

$$\boldsymbol{v} \xrightarrow{} \begin{cases} \nabla\cdot\boldsymbol{v} & \tag{G2} \\ \nabla\times\boldsymbol{v} & \tag{G3} \end{cases}$$

(ii) ナブラ2つの演算： まずナブラ1つの演算で (i) の3種類がつくられた．さらにナブラを演算するとつぎの5つの型が現れる：

$$\phi \xrightarrow{\nabla} \nabla\phi \xrightarrow{\nabla} \begin{cases} \nabla \cdot (\nabla\phi) & \text{(G4)} \\ \nabla \times (\nabla\phi) \ (\to = \mathbf{0}) & \text{(G5)} \end{cases}$$

$$\boldsymbol{v} \xrightarrow{\nabla} \begin{cases} \nabla \cdot \boldsymbol{v} \xrightarrow{\nabla} \nabla(\nabla \cdot \boldsymbol{v}) & \text{(G6)} \\ \nabla \times \boldsymbol{v} \xrightarrow{\nabla} \begin{cases} \nabla \cdot (\nabla \times \boldsymbol{v}) \ (\to = 0) & \text{(G7)} \\ \nabla \times (\nabla \times \boldsymbol{v}) & \text{(G8)} \end{cases} \end{cases}$$

式 (G4) は

$$\nabla \cdot (\nabla\phi) = \frac{\partial}{\partial x}\left(\frac{\partial \phi}{\partial x}\right) + \frac{\partial}{\partial y}\left(\frac{\partial \phi}{\partial y}\right) + \frac{\partial}{\partial z}\left(\frac{\partial \phi}{\partial z}\right) = \Delta\phi \quad \text{(G9)}$$

ただし，

$$\Delta = \frac{\partial^2}{\partial x^2} + \frac{\partial^2}{\partial y^2} + \frac{\partial^2}{\partial z^2}$$

はラプラス演算子 (Laplacian) である．

一般に，rot を演算するとゼロとなるベクトル場を渦なし (irrotational) とよぶ．式 (G5) では $\nabla \times (\nabla\phi) = 0$，すなわち，すべての grad は渦なしである．逆に，

$$\text{渦なし流れ } \nabla \times \boldsymbol{v} = \mathbf{0} \text{ はポテンシャル } \Phi \text{ を用いて } \boldsymbol{v} = \nabla\Phi \quad \text{(G10)}$$

と表される[†5]．

[†5] 一般に，回転 (rotation) の演算は閉曲線に沿って1周したときの変化量を与える．たとえば，らせん階段を1周してもとと同じ水平位置にくると高さが変化する．この場合には1周した前後で無限大の勾配が生じており，滑らかな曲面では表せない．逆に，滑らかな曲面ならどこでも勾配が有限なのでポテンシャル関数 Φ やその勾配 (gradient)∇Φ を定義することができる．この滑らかな曲面上では，どのような閉曲線に沿って1周しても，もとの位置にもどってくるので回転 (rot) に伴う変化はない．

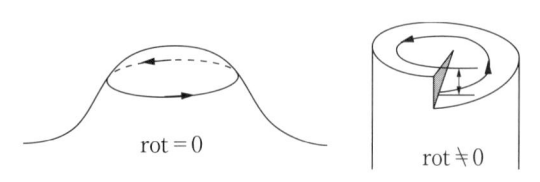

rot = 0   rot ≠ 0

また，div を演算するとゼロとなるベクトル場を**ソレノイダル** (solenoidal) とよぶ．式 (G7) から $\nabla \cdot (\nabla \times \boldsymbol{v}) = 0$，すなわち，すべての rot はソレノイダルである．

式 (G8) をベクトル 3 重積 $\boldsymbol{a} \times (\boldsymbol{b} \times \boldsymbol{c}) = (\boldsymbol{a} \cdot \boldsymbol{c})\boldsymbol{b} - (\boldsymbol{a} \cdot \boldsymbol{b})\boldsymbol{c}$ を利用して書き換える．すなわち $\boldsymbol{a} \to \nabla, \boldsymbol{b} \to \nabla, \boldsymbol{c} \to \boldsymbol{v}$ とおき，2 つのナブラがいずれも $\boldsymbol{v}$ に演算されるように順序を決めると

$$\nabla \times (\nabla \times \boldsymbol{v}) = (\nabla \cdot \boldsymbol{v})\nabla - (\nabla \cdot \nabla)\boldsymbol{v} = \nabla(\nabla \cdot \boldsymbol{v}) - \Delta \boldsymbol{v} \tag{G11}$$

となる[†6]．

H.　テンソルのイメージ (p.14, 17, 35)

1 階のテンソルはベクトルである．3 次元空間では 3 つの独立な成分をもつので，それらを入れるために図 (a) のように 3 つの箱を用意すればよい．単位ベクトルはそれぞれの箱に 1,0,0 を割り振ったもの，たとえば 1 行目に 1 が入る成分は e_1，2 行目に入る成分は e_2 などとなる．2 階のテンソルでは図 (b) のように縦横に 3 つずつ，計 9 個の箱を用意する．この 9 個の箱のどの位置かを示すために，例えば 1 行 2 列目の箱に入る成分を t_{12} とする．この位置を $e_1 e_2$ のように示す表し方を**ディアド積** (dyad) と呼ぶ．

たとえば，図 (c) のように 3 次元物体が x 軸方向に速度 U_x で動くとき

[†6] 流体の速度場 $\boldsymbol{v}$ の回転を取ったもの $\boldsymbol{\omega} \equiv \nabla \times \boldsymbol{v}$ は渦度と呼ばれ，大雑把な言い方をすれば，流体はこの $\boldsymbol{\omega}$ を取り巻き渦状に流れている (式 (E2) の下の説明を参照)．同様に考えると，$\nabla \times (\nabla \times \boldsymbol{v}) = \nabla \times \boldsymbol{\omega}$ は，そのベクトルのまわりを $\boldsymbol{\omega}$ が取り巻くような流れ，すなわち，渦の中心を結ぶ線 (渦線) が輪のように連なった流体運動ということになる．これは渦輪による流れに対応する．

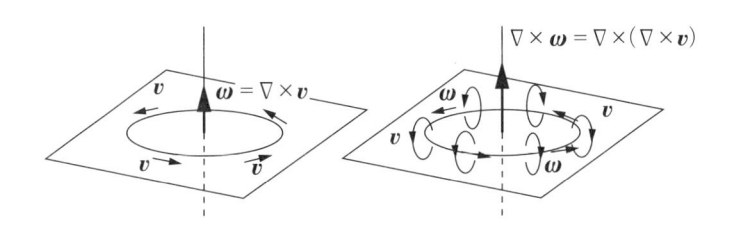

に x 方向に $F_x = aU_x$ の力, y 方向に $F_y = bU_x$, z 方向に $F_z = cU_x$ の力 (揚力) が働くとすると, 力は

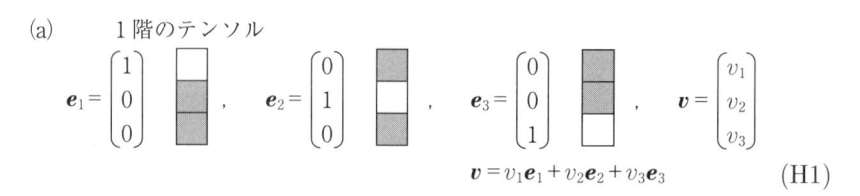

(a)　1 階のテンソル

$$e_1 = \begin{pmatrix} 1 \\ 0 \\ 0 \end{pmatrix}, \quad e_2 = \begin{pmatrix} 0 \\ 1 \\ 0 \end{pmatrix}, \quad e_3 = \begin{pmatrix} 0 \\ 0 \\ 1 \end{pmatrix}, \quad v = \begin{pmatrix} v_1 \\ v_2 \\ v_3 \end{pmatrix}$$

$$v = v_1 e_1 + v_2 e_2 + v_3 e_3 \tag{H1}$$

(b)　2 階のテンソル

$$e_1 e_2 = \begin{pmatrix} 1 \\ 0 \\ 0 \end{pmatrix} \begin{pmatrix} 0 & 1 & 0 \end{pmatrix} = \begin{pmatrix} 0 & 1 & 0 \\ 0 & 0 & 0 \\ 0 & 0 & 0 \end{pmatrix}$$

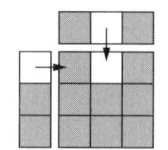

$$T = t_{11} e_1 e_1 + t_{12} e_1 e_2 + t_{13} e_1 e_3$$
$$+ t_{21} e_2 e_1 + t_{22} e_2 e_2 + \dots + t_{33} e_3 e_3 \tag{H2}$$

$$= t_{11} \begin{pmatrix} 1 & 0 & 0 \\ 0 & 0 & 0 \\ 0 & 0 & 0 \end{pmatrix} = t_{12} \begin{pmatrix} 0 & 1 & 0 \\ 0 & 0 & 0 \\ 0 & 0 & 0 \end{pmatrix} + \dots + t_{33} \begin{pmatrix} 0 & 0 & 0 \\ 0 & 0 & 0 \\ 0 & 0 & 1 \end{pmatrix} = \begin{pmatrix} t_{11} & t_{12} & t_{13} \\ t_{21} & t_{22} & t_{23} \\ t_{31} & t_{32} & t_{33} \end{pmatrix}$$

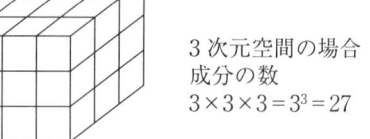

(c)

(d)　3 階のテンソル

3 次元空間の場合
成分の数
$3 \times 3 \times 3 = 3^3 = 27$

$$T = t_{111} e_1 e_1 e_1 + t_{112} e_1 e_1 e_2 + \dots + t_{333} e_3 e_3 e_3 \tag{H3}$$

$$\begin{pmatrix} F_x \\ F_y \\ F_z \end{pmatrix} = \begin{pmatrix} a & d & g \\ b & e & h \\ c & f & i \end{pmatrix} \begin{pmatrix} U_x \\ U_y \\ U_z \end{pmatrix}, \quad \text{すなわち } \boldsymbol{F} = \boldsymbol{K} \cdot \boldsymbol{U} \tag{H4}$$

のように表される. (図 (c) では $a < 0$ となっている.) この $\boldsymbol{K}$ は 2 階のテ

ンソルである．2階のテンソルはベクトルに作用して別の(大きさと向きの異なる)ベクトルをつくる．同様にして，3階のテンソルまでは図(d)のような縦横奥行の3方向に3つの箱をもつ立体配置を考えればよい．例えばマンションの住環境で，同じフロアーの住人の関係だけでなく上下の住人の関係も指定する必要があるのと似ている．しかし，このような直感的イメージが成り立つのはここまでで，それより階数の高い n 階のテンソルを表現するには e_i を n 個並べたポリアディックや，それに対応した n 個の添字による変数指定 $t_{ijk...}$ が必要になる．4階のテンソルを，4行4列の行列で書けると勘違いしてはいけない．後者は4変数(4次元)の2階のテンソルであり，4階ではない．

I. 等方性テンソル (p.20, 36)

式 (H4) で，もし $a = e = i = k$, 他の成分=0 なら $\boldsymbol{K} = k\boldsymbol{1}$ すなわち $K_{ij} = k\delta_{ij}$ となる．ただし

$$\delta_{ij} = \begin{cases} 1\,(i = j\, のとき) \\ 0\,(i \neq j\, のとき) \end{cases} \tag{I1}$$

は**クロネッカー** (Kronecker) **のデルタ**とよばれる．このときは $\boldsymbol{F} = k\boldsymbol{U}$ であり，$k\delta_{ij}$ を $\boldsymbol{U}$ に演算しても単に k 倍したものと変わらない．球が流体中を運動するときの抵抗などはこの例である．このように運動方向によらない関係が成り立つものは一般的に「等方的」であるという．すなわち，δ_{ij} は2階の**等方性テンソル**である．

クロネッカーのデルタ $\delta_{ij} = \boldsymbol{e}_i \cdot \boldsymbol{e}_j$ は2つの単位ベクトルのスカラー積として表せる．これを拡張し，3階の等方性テンソルは $\boldsymbol{e}_i, \boldsymbol{e}_j, \boldsymbol{e}_k$ の3つの単位ベクトルからスカラー積をつくればよいと推測される．この演算は式 (A4) で述べた型だけであり，

$$e_i \cdot (e_j \times e_k) \equiv \epsilon_{ijk} = \begin{cases} 1 & (ijk) = (123) \text{ の偶置換} \\ -1 & (ijk) = (123) \text{ の奇置換} \\ 0 & \text{上記以外} \end{cases} \quad (\text{I2})$$

と表される．この ϵ_{ijk} は**交代テンソル**あるいはレヴィ–チヴィタの記号，エディントンの記号などとよばれる．これらは，3つのベクトル e_i, e_j, e_k を3辺とする立方体の体積を表し，その組み合わせにより ± 1 となりうるので擬スカラーである．

同様にして，**4階の等方性テンソル**は e_i, e_j, e_k, e_l の4つの単位ベクトルからスカラー積をつくればよい．実際，その方法はつぎの3種類に帰着する．(i) まず，2つのベクトル e_k, e_l からスカラー積 $e_k \cdot e_l$ をつくると，残りは e_i, e_j である．後者でスカラーをつくり，かけ算すると $(e_i \cdot e_j)(e_k \cdot e_l) = \delta_{ij}\delta_{kl}$ を得る．つぎに，2つのベクトル e_k, e_l からベクトル積 $e_k \times e_l$ をつくり，残りの e_i, e_j を演算してスカラーをつくる．それにはつぎの2通りがある．(ii) $e_k \times e_l$ と e_j とのベクトル積をとる：$e_j \times (e_k \times e_l) = (e_j \cdot e_l)e_k - (e_j \cdot e_k)e_l = \delta_{jl}e_k - \delta_{jk}e_l$．これと e_i のスカラー積をとれば

$$e_i \cdot (e_j \times (e_k \times e_l)) = \delta_{ik}\delta_{jl} - \delta_{il}\delta_{jk}$$

(iii) $e_i \times e_j$ によってベクトルをつくり，これと $e_k \times e_l$ とのスカラー積をとる：$(e_i \times e_j) \cdot (e_k \times e_l)$．これも $\delta_{ik}\delta_{jl} - \delta_{il}\delta_{jk}$ に等しい[†7]．ここに登場した

$$\delta_{ij}\delta_{kl}, \quad \delta_{ik}\delta_{jl}, \quad \delta_{il}\delta_{jk} \quad (\text{I3})$$

のいずれも等方性テンソルである．

[†7] $(e_i \times e_j) \cdot (e_k \times e_l) = \sum_{\alpha=1}^{3} (e_i \times e_j)_\alpha (e_k \times e_l)_\alpha \ldots (*)$ を計算するときに，(i,j) や (k,l) は α を除く2つの添字の組をとるときにだけ0ではない．さらに，ベクトル積の性質：$a \times b = -b \times a$ から $i=k, j=l$ ならば積は 1，$i=l, j=k$ ならば積は -1 になる．したがって $(*)$ は $\delta_{ik}\delta_{jl} - \delta_{il}\delta_{jk}$ となる．

J. 方向余弦 (p.17)

2次元空間 x, y での単位ベクトル $\boldsymbol{n}$ を成分で表すときは，このベクトルと x 軸との角度を θ として $\boldsymbol{n} = (\cos\theta, \sin\theta)$ とすることが多い．これを3次元空間に拡張しようとすると cos, sin 以外に何を使ったらよいか困るだろう．

しかし，2次元の場合でも，$\boldsymbol{n}$ と y 軸との角度を ϕ とすれば，$\boldsymbol{n} = (\cos\theta, \cos\phi)$ のように cos だけで表すことができる．ただし，θ, ϕ はそれぞれ x, y 軸と $\boldsymbol{n}$ の間の角度である．このような表し方であれば，3次元空間の単位ベクトル $\boldsymbol{n}$ と x, y, z 軸との角度をそれぞれ α, β, γ として，$\boldsymbol{n} = (\cos\alpha, \cos\beta, \cos\gamma)$ のように拡張が容易である．これは単位ベクトルの向きをそれぞれの軸との角度の cos(余弦) を使って表現したものなので**方向余弦** (direction cosine) とよぶ．

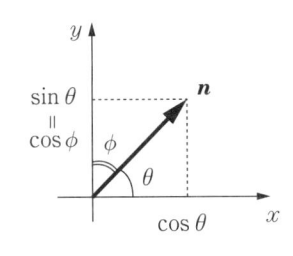

K. 曲率と曲率半径 (p.11, 12)

図のように円弧上に隣接して2点 P, P′(座標はそれぞれ $x, x + \mathrm{d}x$) をとり，そこでの接線が x 軸となす角度をそれぞれ θ, θ' とする．$\theta' - \theta = \mathrm{d}\theta$ は微小な円弧が中心に張る角度になっている．このとき，円弧 PP′ の長さ $\mathrm{d}s$ は $\mathrm{d}s = R\mathrm{d}\theta$ であり，x の関数として

$$\frac{1}{R} = \frac{\mathrm{d}\theta}{\mathrm{d}s} = \frac{\mathrm{d}\theta}{\mathrm{d}x}\frac{\mathrm{d}x}{\mathrm{d}s} \tag{K1}$$

と書ける．他方，円弧 PP′ を弦 PP′ で近似すると

$$\frac{\mathrm{d}x}{\mathrm{d}s} = \frac{\mathrm{d}x}{\sqrt{\mathrm{d}x^2 + \mathrm{d}y^2}} = \frac{1}{\sqrt{1 + y'^2}} \tag{K2}$$

となる．また，$y'(x) = \tan\theta$, $y'(x+\mathrm{d}x) = \tan\theta'$ に注意して

$$y'(x+\mathrm{d}x) = \tan\theta' = \tan(\theta + \mathrm{d}\theta) = \frac{\tan\theta + \tan\mathrm{d}\theta}{1 - \tan\theta\tan\mathrm{d}\theta}$$

$$\approx \frac{\tan\theta + \mathrm{d}\theta}{1 - \tan\theta\cdot\mathrm{d}\theta} = \frac{y'(x) + \mathrm{d}\theta}{1 - y'(x)\cdot\mathrm{d}\theta} = y'(x) + (1+y'^2)\mathrm{d}\theta + \ldots$$

したがって

$$y'(x+\mathrm{d}x) - y'(x) \approx y''(x)\mathrm{d}x = (1+y'^2)\mathrm{d}\theta + \ldots$$

$$\therefore \quad \frac{\mathrm{d}\theta}{\mathrm{d}x} = \frac{y''(x)}{(1+y'^2)} \tag{K3}$$

となる．式 (K2)(K3) を式 (K1) に代入すれば

$$\frac{1}{R} = \frac{y''}{(1+y'^2)^{3/2}} \tag{K4}$$

を得る．とくに変形が緩やかなときは $y'^2 \ll 1$ であるから分母は 1 で近似でき

$$\frac{1}{R} \approx y''$$

となる．$1/R$ は**曲率** (curvature)，R は**曲率半径**とよばれる．関数が下に凸のとき $y'' > 0$ (曲率が正)，上に凸のとき $y'' < 0$ (曲率が負) となる．逆に，曲率が 0 のときは $R = \infty$，すなわち直線となる．

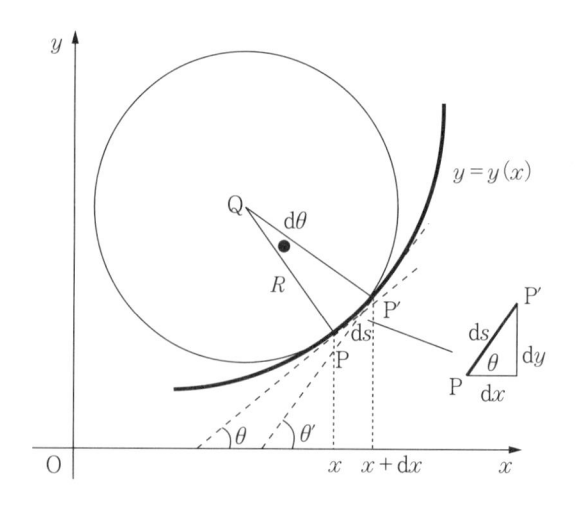

参 考 文 献

連続体力学の入門的な教科書として

[1] 角谷典彦：連続体力学，共立出版，1969.
[2] R.P. ファインマン, R.B. レイトン, M.L. サンズ (戸田盛和 訳)：ファインマン物理学 IV，電磁波と物性，第 17–20 章，岩波書店，1971.
[3] Y.C. ファン (大橋義夫, 村上澄男, 神谷紀生 訳)：連続体の力学入門，培風館，1974.
[4] 松信八十男：変形と流れの力学，朝倉書店，1981.
[5] 恒藤敏彦：弾性体と流体，物理入門コース 8，岩波書店，1983.
[6] 巽　友正：連続体の力学，岩波基礎物理シリーズ 2，岩波書店，1995.
[7] 川原琢治：連続体力学，産業図書，1996.
[8] 佐野　理：連続体の力学，基礎物理学選書 26，裳華房，2000.

弾性体力学の標準的な教科書として

[1] A.E.H.Love : *A Treatise on the Mathematical Theory of Elasticity*, Camb. Univ. Press (1927); Dover Publ., 1944.
[2] A.Sommerfeld : *Mechanics of Deformable Bodies* [Lecture of Theoretical Physics, vol.2], Academic Press, 1950; Paperbacked., 1964.
[3] S.Timoshenko and N.Goodier : *Theory of Elasticity*, 2nd ed., McGraw Hill, 1951.
[4] I.S.Sokolnikoff : *Mathematical Theory of Elasticity*, 2nd ed., McGraw Hill, 1956.
[5] L.D.Landau and E.M.Lifshitz : *Theory of Elasticity* [Course of Theoretical Physics, vol.7], Pergamon, 1959.

流体力学の標準的な教科書として

[1] H.Lamb : *Hydrodynamics*, Camb. Univ. Press, 1932.
[2] S.Goldstein : *Modern Developments in Fluid Dynamics*, vol.1,2, Oxford Univ. Press, 1938.

- [3] L.D.Landau and E.M.Lifshitz : *Fluid Mechanics* [Course of Theoretical Physics, vol.6], Pergamon, 1950.
- [4] G.K.Batchelor : *An Introduction to Fluid Mechanics*, Camb. Univ. Press, 1967.
- [5] L.M.Milne-Thomson : *Theoretical Hydrodynamics*, Macmillan, 1968.
- [6] H.Schlichting : *Boundary Layer Theory*, McGraw Hill, 1968.
- [7] 今井 功：流体力学，岩波全書，岩波書店，1970.
- [8] 今井 功：流体力学 (前編)，物理学選書 14，裳華房，1973.
- [9] 巽 友正：流体力学，新物理学シリーズ 21，培風館，1982.
- [10] 日野幹雄：流体力学，朝倉書店，1992.

流体力学のやや専門的な参考書

- [1] J.Happel and H.Brenner : *Low Reynolds Number Hydrodynamics*, Prentice-Hall, 1965. 遅い流れについて詳述．
- [2] L.Rosenhead: *Laminar Boundary Layers*, Clarendon Press, 1966. 境界層理論について詳述．
- [3] S.Chandrasekhar : *Hydrodynamic and Hydromagnetic Stability*, Clarendon Press, 1961. 安定性について詳述．
- [4] 巽 友正，後藤金英：流れの安定性理論，産業図書，1976.
- [5] G.K.Batchelor : *The Theory of Homogeneous Turbulence*, Camb. Univ. Press, 1953; 巽 友正 訳：乱流理論，吉岡書店，1960.
- [6] 巽 友正：乱流，槇書店，1962.
- [7] 谷 一郎 編：流体力学の進歩・乱流，丸善，1980.
- [8] 神部 勉，P.G.ドレイジン：流体力学——安定性と乱流，東京大学出版会，1998.
- [9] 木田重雄，柳瀬眞一郎：乱流力学，朝倉書店，1999.
- [10] D.J.Tritton : *Physical Fluid Dynamics*, Van Nostrand Reinhold, 1977. 物理学的側面の説明を重視．
- [11] 谷 一郎，小橋安次郎，佐藤 浩：流体力学実験法，岩波書店，1977.
- [12] 日本流体力学会編：流体力学ハンドブック (第 2 版)，丸善，1998.
- [13] 流れの可視化学会編：流れの可視化ハンドブック (新版)，朝倉書店，1986.

演習問題の解答

[Q1] 式 (4) を導け．

(解) 周方向の長さ ds を軸のまわりの角度 $d\phi$ で表すと $ds = rd\phi$ であるから，これを代入し，$\phi = 0 \sim 2\pi$, $r = 0 \sim R$ で積分する：

$$\tau = \int_0^R \int_0^{2\pi} \frac{G\Phi}{L} r^3 dr d\phi = \frac{2\pi G\Phi}{L} \int_0^R r^3 dr = \frac{\pi G\Phi}{2L} R^4$$

[Q2] (1.1.3 項, p.10 に関連)：半径 a の円形断面の棒の曲げに対する断面の幾何学的モーメントを求めよ．

(解) 対称性から明らかなように，中立面は直径を通る．いま，この面上に x 軸，中心を通りこれに垂直に y 軸を選ぶ．また，x 軸を始線とする円柱座標 (r, θ) を導入する．このとき，$x = r\cos\theta$, $y = r\sin\theta$, また微小面積 $dxdy = rdrd\theta$ であるから

$$I = \iint_{\text{断面全体}} y^2 dx dy = \int_0^a \int_0^{2\pi} (r^2 \sin^2\theta) r dr d\theta$$
$$= \int_0^a r^3 \left(\int_0^{2\pi} \sin^2\theta d\theta \right) dr = \frac{\pi a^4}{4}$$

[Q3] (1.1.4 項, p.11 に関連)：図 5 と同様に長さ L の梁がある．単位長さあたりの密度を $\sigma(x)$ として，自重によるモーメント M を与える式を求めよ．つぎに，σ が一様な場合について M を計算し，このときの変形を求めよ．

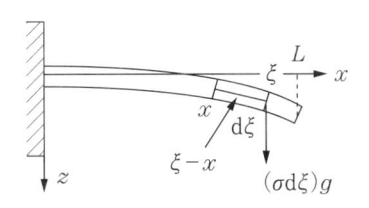

(解) 固定端から x の位置における力のモーメント $M(x)$ は，それより先端の部分 $x \sim L$ の重量によるモーメントが働く．後者の上の点 ξ の近傍の微小部分 $\mathrm{d}\xi$ を考えると，そこには鉛直下向きに重力 $\sigma(x)g\mathrm{d}\xi$ が働くので，この部分が点 x のまわりに与える力のモーメント $\mathrm{d}M$ は $\mathrm{d}M = (\xi - x)\sigma(x)g\mathrm{d}\xi$，したがって $x \sim L$ で積分して

$$M = \int_x^L (\xi - x)\sigma(x)g\mathrm{d}\xi$$

を得る．とくに $\sigma = \sigma_0$ (一定) のとき

$$M = \int_x^L (\xi - x)\sigma_0 g\mathrm{d}\xi = \left[\frac{\sigma_0 g(\xi - x)^2}{2}\right]_x^L = \frac{\sigma_0 g}{2}(L - x)^2$$

となる．このときの変形は式 (7) と同様にして

$$EI\frac{\mathrm{d}^2 u}{\mathrm{d}x^2} = \frac{\sigma_0 g}{2}(L - x)^2$$

これを $x = 0$ で $u = \mathrm{d}u/\mathrm{d}x = 0$ の下で解けばよい．

$$u = \frac{\sigma_0 g}{24EI}x^2(x^2 - 4Lx + 6L^2)$$

[Q4] 式 (12) の振幅 A は？

ここでは微小変形を仮定して式 (11) を導いたが，この式は線形同次なので解 (12) の振幅 A は決定できない．つまり，式 (12) を定数倍したものはすべて式 (11) を満たしている．これはわれわれの直感と合わないので，それをきちんと扱おうとすると大変形を表す式 (13) になる．後者の解では加えた力に依存した変形が得られる．

[Q5] 対称部分 $\boldsymbol{E}$ の成分 e_{xx}, e_{xy} の物理的な意味

(解) e_{xx} だけが 0 でないとして $\delta\boldsymbol{u} = \boldsymbol{E} \cdot \delta\boldsymbol{r}$ を計算すると

$$\delta u = e_{xx}\delta x, \quad \delta v = \delta w = 0$$

となる．これは，y, z 方向には変化がなく，x 方向には δx に比例した伸び，すなわち，x 方向の一様な伸びを表す．

同様に，$e_{xy}(= e_{yx})$ だけが 0 でないとして $\delta\boldsymbol{u} = \boldsymbol{E} \cdot \delta\boldsymbol{r}$ を計算すると

$$\delta u = e_{xy}\delta y, \quad \delta v = e_{xy}\delta x, \quad \delta w = 0$$

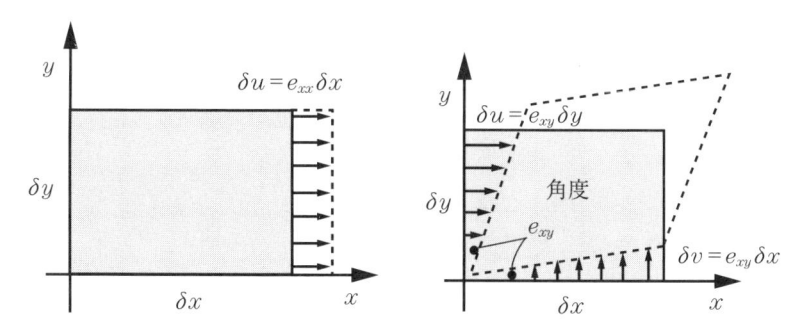

となる．これは，z 方向には変化がなく，xy 面内で $\delta x, \delta y$ を 2 辺とする長方形が，その交角をそれぞれ e_{xy} だけ小さくするように挟み込む変形を表している．

[**Q6**] 反対称部分 $\boldsymbol{\Omega}$ の成分 ζ の物理的な意味

(解) ζ だけが 0 でないとして $\delta\boldsymbol{u} = \boldsymbol{\Omega} \cdot \delta\boldsymbol{r}$ を計算すると

$$\delta u = -\zeta\delta y, \quad \delta v = \zeta\delta x, \quad \delta w = 0$$

となる．これは，z 方向には変化がなく，xy 面内で $\delta x, \delta y$ を 2 辺とする長方形が，角度 ζ だけ剛体回転することを意味する．

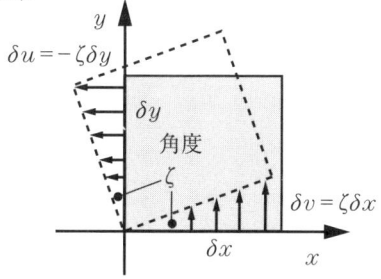

なお，rot(回転) との関係は式 (E2) を参照．

[**Q7**] フックの法則の一般化

(解) $F = k\Delta x \ldots$ (a) $\Rightarrow \dfrac{F}{S} = E\dfrac{\Delta l}{l} \ldots$ (b) $\Rightarrow f = E\dfrac{\partial u}{\partial x} \ldots$ (c)

　　　フックの法則　(1)　　　　　　　(2)

$\Rightarrow p_{11} = Ee_{11} \ldots$ (d) $\Rightarrow p_{ij} = C_{ijkl}e_{kl} \ldots$ (e)

　　　　(3)　　　　　　　　(4)

はじめの式 (a) はフック (Hooke) の法則で，k はバネ定数とよばれる．この定数はバネごとに異なる．(1) は弾性体の大きさ (幾何学的形状) によらない表現への拡張．(b) に現れた定数 E はヤング率とよばれ，物質定数である．(2) は非一様な変形に対する拡張（式 (b) は一様な伸びに対する関係，式 (c) は局所的な伸びに対する関係を表す）．(d) は応力の向きとその力の働く面の向きを明

確にした表現である．最後の (4) は力の向きや変形の種類の違いも表現しうるもっとも一般的な関係式への拡張となっている．

[Q8] (1.3.1 項, p19 に関連)：三斜晶系の弾性テンソルの数は？

(解) ひずみテンソルの成分 e_{ij} は i,j について対称なので，独立な成分は 6 個である．また，応力テンソル p_{ij} も対称なので，p_{ij} と e_{ij} を関係づけるテンソルの成分は 6×6 の行列で表され，その成分の数は 36 個である．しかし，実はこの行列も対称行列となっているので，独立な成分は対角成分 6 個と残り $(36-6)/2 = 15$ 個の和で 21 個となる．

[Q9] 式 (23) の導出

(解) $C_{ijkl} = A\delta_{ij}\delta_{kl} + B\delta_{ik}\delta_{jl} + C\delta_{il}\delta_{jk}$ を式 (22) に代入する．その際，アインシュタインの総和規約，すなわち，添字が繰り返されているものはそれに 1,2,3 を与えて和をとることに注意する．たとえば

$$\delta_{1j}v_j \equiv \sum_{j=1}^{3} \delta_{1j}v_j = \delta_{11}v_1 + \delta_{12}v_2 + \delta_{13}v_3$$

さらにクロネッカーのデルタは 2 つの添字が等しいときだけ 1 でそれ以外は 0 となることに注意する．したがって，上式は v_1 だけが残る．要するに $\delta_{1j}v_j = v_1$ のように v_j の添字をクロネッカーのデルタの対になった添字で置き換えればよい．同様にして，$\delta_{kl}e_{kl} = e_{kk}$, $\delta_{ik}\delta_{jl}e_{kl} = e_{ij}$ などとなるので，これらを使えば

$$p_{ij} = C_{ijkl}e_{kl} = (A\delta_{ij}\delta_{kl} + B\delta_{ik}\delta_{jl} + C\delta_{il}\delta_{jk})e_{kl}$$
$$= A\delta_{ij}e_{kk} + Be_{ij} + Ce_{ji} = A(\mathrm{div}\boldsymbol{u})\delta_{ij} + (B+C)e_{ij}$$

を得る．最右辺の係数を λ,μ で表したものが式 (23) である．

[Q10] 単位質量あたりの外力 $\boldsymbol{K}$ とは何ですか？

(解) 例えば，大きさ g で $-z$ 方向の一様な重力の下で質量 m の質点（あるいは孤立した物体）に働く重力 $\boldsymbol{F}$ は鉛直下向きで，その大きさは mg である．したがって，$\boldsymbol{F} = (0,0,-mg)$．もし $m=1$（単位質量）なら，これは $(0,0,-g) = \boldsymbol{K}$ となる．連続体では質量が分布しているので，単位質量あたりの外力 $\boldsymbol{K}$ を定義しておくと，密度 ρ，体積 V の部分に働く力は $\rho V \boldsymbol{K}$ のように表される．力が保存力の場合には，そのポテンシャルを Π とおくと $\boldsymbol{K} = -\nabla\Pi = (0,0,-g)$,

したがって $\Pi = gz$ などと表される．

[Q11]
$$\int_S \bm{p_n} \mathrm{d}S = \int_V \mathrm{div}\bm{P}\mathrm{d}V \text{ を導け．}$$

(解) $\bm{p_n}\mathrm{d}S$ は法線が $\bm{n}$ の方向を向いた大きさ $\mathrm{d}S$ の面に働く力を表す．応力が単位面積あたりに働く力であることを考慮して，$\bm{p_n}\mathrm{d}S$ の第 1 成分 (x 成分) を計算してみよう．図のように x_1, x_2, x_3 軸方向の辺の長さがそれぞれ $\Delta x_1, \Delta x_2, \Delta x_3$ の微小な直方体について考える．6 つの面があるので，その 1 つひとつについて考えよう．

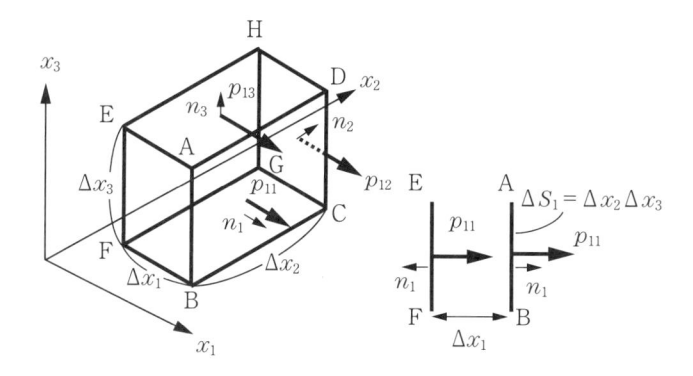

まず，面 ABCD では法線の方向が 1 方向で面積は $\Delta S_1 = \Delta x_2 \Delta x_3$，ここに働く応力は p_{11} であるから

$$\bm{p_n}\mathrm{d}S = p_{11} n_1 \Delta S_1 = p_{11}(x_1 + \Delta x_1, \tilde{x}_2, \tilde{x}_3)\Delta x_2 \Delta x_3$$

となる．ここで面 ABCD 内の p_{11} の値は $x_2 \leqq \tilde{x}_2 \leqq x_2 + \Delta x_2$，$x_3 \leqq \tilde{x}_3 \leqq x_3 + \Delta x_3$ にある適当な点 $\tilde{x}_2, \tilde{x}_3$ で評価できるのでその代表点での値を使った．つぎに面 EFGH については，応力 p_{11} と面の法線の方向が逆なので

$$\bm{p_n}\mathrm{d}S = p_{11}(x_1, *, *)\tilde{n}_1 \Delta S_1 = -p_{11}(x_1, *, *) n_1 \Delta S_1$$

となる．したがって，この 2 つの面に対しては

$$\Sigma \bm{p_n}\mathrm{d}S = [p_{11}(x_1 + \Delta x_1, *, *) - p_{11}(x_1, *, *)]\Delta S_1$$
$$= \frac{\partial p_{11}}{\partial x_1} \Delta x_1 \Delta S_1 + \ldots = \frac{\partial p_{11}}{\partial x_1} \Delta V + \ldots \quad (11.1)$$

となる．同様にして，面 DCGH，面 ABFE については

$$\Sigma \boldsymbol{p_n} \mathrm{d}S = [p_{12}(*, x_2 + \Delta x_2, *) - p_{12}(*, x_2, *)]\Delta S_2$$
$$= \frac{\partial p_{12}}{\partial x_2}\Delta x_2 \Delta S_2 + \ldots = \frac{\partial p_{12}}{\partial x_2}\Delta V + \ldots \qquad (11.2)$$

面 ADHE，面 BCGF については

$$\Sigma \boldsymbol{p_n} \mathrm{d}S = [p_{13}(*, *, x_3 + \Delta x_3) - p_{13}(*, *, x_3)]\Delta S_3$$
$$= \frac{\partial p_{13}}{\partial x_3}\Delta x_3 \Delta S_3 + \ldots = \frac{\partial p_{13}}{\partial x_3}\Delta V + \ldots \qquad (11.3)$$

となる．以上の (11.1)(11.2)(11.3) を合計し

$$\Sigma \boldsymbol{p_n} \mathrm{d}S = \left(\frac{\partial p_{11}}{\partial x_1} + \frac{\partial p_{12}}{\partial x_2} + \frac{\partial p_{13}}{\partial x_3}\right)\Delta V + \ldots \qquad (11.4)$$

を得る．ただし，$\Delta V \equiv \Delta x_1 \Delta x_2 \Delta x_3$ と置いた．任意の平曲面上での積分は，その内部の領域を無限に小さな直方体に分割し，その 1 つひとつについて式 (11.4) の関係を当てはめればよい．分割した内部の面の裏表での $\boldsymbol{p_n}\mathrm{d}S$ の和は打ち消し合うので，もっとも外側にある面上での寄与だけが残る．他方，領域内の体積は加算されるので，けっきょく

$$\left(\int_S \boldsymbol{p_n}\mathrm{d}S\right)_1 = \int_S p_{1j} n_j \mathrm{d}S = \int_V \left(\frac{\partial p_{11}}{\partial x_1} + \frac{\partial p_{12}}{\partial x_2} + \frac{\partial p_{13}}{\partial x_3}\right)\mathrm{d}V = \int_V \frac{\partial p_{1j}}{\partial x_j}\mathrm{d}V$$

となる．最右辺で繰り返し使われている添字 j については，$j = 1, 2, 3$ と変えて和をとる（アインシュタインの総和規約）．第 2，第 3 成分についても同様なので，これらをまとめて

$$\left(\int_S \boldsymbol{p_n}\mathrm{d}S\right)_i = \int_S p_{ij} n_j \mathrm{d}S = \int_V \frac{\partial p_{ij}}{\partial x_j}\mathrm{d}V \left(= \int_V \mathrm{div}\boldsymbol{P}\mathrm{d}V\right)_i$$

[**Q12**] $\mathrm{div}\boldsymbol{P} = (\lambda + \mu)\nabla(\mathrm{div}\boldsymbol{u}) + \mu\Delta\boldsymbol{u}$ を導け．

（解）式 (23) を代入する．$\mathrm{div}\boldsymbol{P}$ の i 成分は

$$(\mathrm{div}\boldsymbol{P})_i = \frac{\partial p_{ij}}{\partial x_j} = \frac{\partial}{\partial x_j}[\lambda(\mathrm{div}\boldsymbol{u})\delta_{ij} + 2\mu e_{ij}]$$
$$= \frac{\partial}{\partial x_j}\left[\lambda(\mathrm{div}\boldsymbol{u})\delta_{ij} + \mu\left(\frac{\partial u_i}{\partial x_j} + \frac{\partial u_j}{\partial x_i}\right)\right]$$

まず最右辺の第 1 項では j について和をとるが，クロネッカーのデルタ δ_{ij} は

$i = j$ 以外では 0 になることに注意すると

$$\frac{\partial(\mathrm{div}\boldsymbol{u})}{\partial x_j}\delta_{ij} = \frac{\partial(\mathrm{div}\boldsymbol{u})}{\partial x_i} = [\nabla(\mathrm{div}\boldsymbol{u})]_i$$

第 2 項の括弧内の前半は

$$\frac{\partial}{\partial x_j}\left(\frac{\partial u_i}{\partial x_j}\right) = \frac{\partial^2 u_i}{\partial x_j^2} = \Delta u_i = [\Delta \boldsymbol{u}]_i$$

ここで $\Delta = \partial^2/\partial x_j^2$ はラプラシアンである．また，後半は x_j と x_i の微分の順序を変えて

$$\frac{\partial}{\partial x_j}\left(\frac{\partial u_j}{\partial x_i}\right) = \frac{\partial}{\partial x_i}\left(\frac{\partial u_j}{\partial x_j}\right) = \frac{\partial}{\partial x_i}\mathrm{div}\boldsymbol{u} = [\nabla(\mathrm{div}\boldsymbol{u})]_i$$

となる．以上を加えると

$$(\mathrm{div}\boldsymbol{P})_i = (\lambda + \mu)[\nabla(\mathrm{div}\boldsymbol{u})]_i + \mu[\Delta \boldsymbol{u}]_i$$

すなわち

$$\mathrm{div}\boldsymbol{P} = (\lambda + \mu)\nabla(\mathrm{div}\boldsymbol{u}) + \mu\Delta \boldsymbol{u}$$

を得る．

[**Q13**]　(1.4 節, p.23 に関連)：　式 (29b) はどうして？

(解) ベクトル量にラプラス演算を作用させるときには注意が必要である．直角座標系では x, y, z 方向の単位ベクトル $\boldsymbol{i}, \boldsymbol{j}, \boldsymbol{k}$ を用いて $\boldsymbol{u} = u\boldsymbol{i} + v\boldsymbol{j} + w\boldsymbol{k}$ と表したときに，単位ベクトルは空間のどの位置でも同じであるから，たとえば $\Delta(u\boldsymbol{i}) = (\Delta u)\boldsymbol{i}$ となる．したがって，式 (29a) でも x 成分はそのまま

$$\rho\frac{\partial^2 u}{\partial t^2} = (\lambda + \mu)\frac{\partial}{\partial x}(\mathrm{div}\boldsymbol{u}) + \mu\Delta u + \rho K_x$$

などと書ける．しかし，一般の直交座標系を用いると，単位ベクトル $\boldsymbol{e}_1, \boldsymbol{e}_2, \boldsymbol{e}_3$ は空間の位置によって変化するので，$\Delta(u\boldsymbol{e}_1) = (\Delta u)\boldsymbol{e}_1$ とはならない．なぜなら空間微分により

$$\frac{\partial}{\partial x_1}(u_1\boldsymbol{e}_1) = \frac{\partial u_1}{\partial x_1}\boldsymbol{e}_1 + u_1\frac{\partial \boldsymbol{e}_1}{\partial x_1}$$

のように単位ベクトルも変化を受けるからである．このことを考慮して，式

(G11) を使い
$$\Delta \boldsymbol{u} = \nabla(\nabla \cdot \boldsymbol{u}) - \nabla \times (\nabla \times \boldsymbol{u}) \qquad (*)$$
と書き換えておくと誤解が生じにくい．式 (∗) を式 (29a) に代入したものが式 (29b) である．

[Q14] 式 (30a) を導け．

(解) 式 (29a) の x 成分は
$$\rho \frac{\partial^2 u}{\partial t^2} = (\lambda + \mu) \frac{\partial}{\partial x} (\mathrm{div} \boldsymbol{u}) + \mu \Delta u$$
である．ここで
$$\mathrm{div} \boldsymbol{u} = \frac{\partial}{\partial x} u(x,t) + \frac{\partial}{\partial y} v(x,t) + \frac{\partial}{\partial z} w(x,t) = \frac{\partial u}{\partial x}$$
$$\Delta u = \left(\frac{\partial^2}{\partial x^2} + \frac{\partial^2}{\partial y^2} + \frac{\partial^2}{\partial z^2} \right) u(x,t) = \frac{\partial^2 u}{\partial x^2}$$
を代入すると
$$\rho \frac{\partial^2 u}{\partial t^2} = (\lambda + \mu) \frac{\partial}{\partial x} \left(\frac{\partial u}{\partial x} \right) + \mu \frac{\partial^2 u}{\partial x^2} = (\lambda + 2\mu) \frac{\partial^2 u}{\partial x^2}$$
となる．

[Q15] 波動方程式 $\dfrac{\partial^2 u}{\partial x^2} = \dfrac{1}{c^2} \dfrac{\partial^2 u}{\partial t^2} \ldots (*)$ の解を求めよ．

(解) ここでは変数変換を利用して求めてみよう．まず式 (∗) を変形して
$$\left(\frac{\partial^2}{\partial x^2} - \frac{1}{c^2} \frac{\partial^2}{\partial t^2} \right) u = \left(\frac{\partial}{\partial x} - \frac{1}{c} \frac{\partial}{\partial t} \right) \left(\frac{\partial}{\partial x} + \frac{1}{c} \frac{\partial}{\partial t} \right) u = 0 \qquad (**)$$
ここで $\xi = x - ct$, $\eta = x + ct$ と変数変換すると，
$$\frac{\partial}{\partial x} = \frac{\partial \xi}{\partial x} \frac{\partial}{\partial \xi} + \frac{\partial \eta}{\partial x} \frac{\partial}{\partial \eta} = \frac{\partial}{\partial \xi} + \frac{\partial}{\partial \eta}, \quad \frac{\partial}{\partial t} = \frac{\partial \xi}{\partial t} \frac{\partial}{\partial \xi} + \frac{\partial \eta}{\partial t} \frac{\partial}{\partial \eta} = c \left(-\frac{\partial}{\partial \xi} + \frac{\partial}{\partial \eta} \right)$$
の関係があるので，式 (∗∗) は
$$\left(\frac{\partial^2}{\partial x^2} - \frac{1}{c^2} \frac{\partial^2}{\partial t^2} \right) u = 4 \frac{\partial^2 u}{\partial \xi \partial \eta} = 0$$
となる．これより解 $u = f(\xi) = f(x - ct)$, または $u = g(\eta) = g(x + ct)$ を得る．f, g は任意の関数で，初期条件や境界条件により決まる．前者は x の正方

向に速さ c で，また，後者は x の負方向に速さ c で進む進行波を表している．

[**Q16**] 式 (33) を導け．

(解) 式 (26a)(26b) から
$$\lambda + 2\mu = \frac{E}{1+\sigma}\left(\frac{\sigma}{1-2\sigma}+1\right) = \frac{(1-\sigma)E}{(1+\sigma)(1-2\sigma)}$$

また，$\mu = G$ をそれぞれ式 (31), (32) に代入すればよい．

[**Q17**] e_{xx}, e_{xy} の物理的な意味（⇒ [**Q5**] 参照）．流体では単位時間あたりの変化．

[**Q18**] ζ の物理的な意味（⇒ [**Q6**] 参照）．流体では単位時間あたりの回転，すなわち角速度．

[**Q19**] 式 (51) の導出（⇒ [**Q9**] 参照）．ただし，流体では変位 $\boldsymbol{u}$ の代わりに速度 $\boldsymbol{v}$ となるのと，静水圧 $-p\delta_{ij}$ が必要なことに注意．

[**Q20**] 式 (52) から (53) の変形は？

左辺で時間の微分と空間積分の順序を入れ替えると
$$\frac{\mathrm{d}}{\mathrm{d}t}\int_V \rho \mathrm{d}V = \int_V \frac{\partial \rho}{\partial t}\mathrm{d}V \quad (*)$$

となる．式 (*) の右辺で被積分関数を時間で偏微分するのは ρ が x, y, z, t の関数だからであり，式 (*) の左辺は積分の後に時間だけの関数になっていたからである．他方，式 (52) の右辺はガウスの定理 (D1) を使い
$$\int_S \rho v_n \mathrm{d}S = \int_S \rho \boldsymbol{v}\cdot\boldsymbol{n}\mathrm{d}S = \int_V \mathrm{div}(\rho\boldsymbol{v})\mathrm{d}V$$

と変形する．両者がどの積分領域 V でも成り立つことから式 (53) を得る．

[**Q21**] 式 (53) の連続の方程式と質量保存則の関係は？

(解) 3.3.2 項で説明するラグランジュ微分 (57) を使って説明する．
$$\frac{\partial \rho}{\partial t} + \mathrm{div}(\rho\boldsymbol{v}) = 0$$

を書き換えて[†1]

[†1] スカラー ϕ とベクトル $\boldsymbol{v}$ の積の div は

$$\mathrm{div}(\phi\boldsymbol{v}) = \frac{\partial}{\partial x}(\phi v_x) + \frac{\partial}{\partial y}(\phi v_y) + \ldots = \left(\frac{\partial \phi}{\partial x}v_x + \phi\frac{\partial v_x}{\partial x}\right) + \left(\frac{\partial \phi}{\partial y}v_y + \phi\frac{\partial v_y}{\partial y}\right) + \ldots$$
$$= \left(v_x\frac{\partial \phi}{\partial x} + v_y\frac{\partial \phi}{\partial y} + \ldots\right) + \phi\left(\frac{\partial v_x}{\partial x} + \frac{\partial v_y}{\partial y} + \ldots\right) = \boldsymbol{v}\cdot\mathrm{grad}\phi + \phi\mathrm{div}\boldsymbol{v}$$

となる．

$$\frac{\partial \rho}{\partial t} + \boldsymbol{v} \cdot \mathrm{grad}\rho + \rho \mathrm{div}\boldsymbol{v} = \frac{D\rho}{Dt} + \rho \mathrm{div}\boldsymbol{v} = 0 \qquad (*)$$

ここで div$\boldsymbol{v}$ は単位時間あたりの体積膨張率，すなわち

$$\mathrm{div}\boldsymbol{v} = \frac{1}{V}\frac{DV}{Dt}$$

であることに注意すると，式 (*) は

$$\frac{D\rho}{Dt} + \rho \frac{1}{V}\frac{DV}{Dt} = 0$$

となる．全体に V を掛け，まとめると

$$V\frac{D\rho}{Dt} + \rho \frac{DV}{Dt} = \frac{D}{Dt}(\rho V) = 0 \qquad (**)$$

となる．ここで ρV は体積 V 内にある流体の質量であり，式 (**) の最右辺はこれが一定であることを表している．例えば，水深の深いところで発生した気泡が上昇すると，水面に近づくにつれ圧力が下がって体積は膨張するが，密度が軽くなって ρV，すなわち気泡の中にある空気の質量，は一定に保たれている．これは水と空気が明確に区別されている例であるが，一般の場合にも，着目している流体領域内にある流体はどのように移動や変形をしようと，その領域内に含まれる質量は変化しない．これは質量保存則にほかならない．

[**Q22**] ラグランジュ微分とは？

　(解) (1) 流体粒子が流れに乗って動いていくときに受ける変化量である．たとえば，流体中である時刻，ある場所で物理量 Q の値が与えられているとする．これは場の表し方で，数学的には $Q(x, y, z, t)$ と表される．「流体粒子が流れに乗って動いていく」と，時刻 t で位置 x, y, z にあった流体粒子は時刻 $t + \Delta t$ で位置 $x + u\Delta t, y + v\Delta t, z + w\Delta t$ に移動する．ここで (u, v, w) は位置 x, y, z での速度である．移動した位置での物理量は $Q(x + u\Delta t, y + v\Delta t, z + w\Delta t, t + \Delta t)$ であるから，その流体粒子が受けた変化 ΔQ は

$$\Delta Q = Q(x + u\Delta t, y + v\Delta t, z + w\Delta t, t + \Delta t) - Q(x, y, z, t)$$

となる．Q は空間的にも時間的にも連続な量と考えられるので，テイラー展開を行って微小時間内の変化量を計算すると，

$$\Delta Q = \frac{\partial Q}{\partial x} u \Delta t + \frac{\partial Q}{\partial y} v \Delta t + \frac{\partial Q}{\partial z} w \Delta t + \frac{\partial Q}{\partial t} \Delta t + O\left((\Delta t)^2\right)$$

したがって,変化率は

$$\frac{DQ}{Dt} = \lim_{x \to \infty} \frac{\Delta Q}{\Delta t} = \frac{\partial Q}{\partial x} u + \frac{\partial Q}{\partial y} v + \frac{\partial Q}{\partial z} w + \frac{\partial Q}{\partial t}$$

となる.これを

$$\frac{DQ}{Dt} = \frac{\partial Q}{\partial t} + u\frac{\partial Q}{\partial x} + v\frac{\partial Q}{\partial y} + w\frac{\partial Q}{\partial z}$$
$$= \left(\frac{\partial}{\partial t} + u\frac{\partial}{\partial x} + v\frac{\partial}{\partial y} + w\frac{\partial}{\partial z}\right)Q = \left(\frac{\partial}{\partial t} + \boldsymbol{v}\cdot\nabla\right)Q$$

などと表現する.

(2) 数学的には,物理量 $Q(x,y,z,t)$ の x,y,z が独立変数 t の関数になっているとしての変化量を求めたことになる.すなわち,

$$\frac{d}{dt}Q(x(t),y(t),z(t),t) = \frac{\partial Q}{\partial t} + \frac{\partial Q}{\partial x}\frac{dx}{dt} + \frac{\partial Q}{\partial y}\frac{dy}{dt} + \frac{\partial Q}{\partial z}\frac{dz}{dt}$$
$$= \frac{\partial Q}{\partial t} + \frac{\partial Q}{\partial x}u + \frac{\partial Q}{\partial y}v + \frac{\partial Q}{\partial z}w$$

(3) $\partial Q/\partial t$ と $\boldsymbol{v}\cdot\nabla Q$ の意味の違い

Q として温度 T を例にとって考える.まず,図 (a) のように部屋の中の一点で温度を測定しているとする.この場合には空間的には固定した点であるが外部からの熱の流入により温度変化 $\partial T/\partial t$ がある.これが前者である.他方,図 (b) のように部屋の中の温度分布は一定であっても,場所を移動すれば温度は変化する.いま,x 方向に速度 U で Δt 時間移動したとすると,移動距離は $\Delta x = U\Delta t$ である.温度が x 方向に $T = T_0 + \alpha x$ のように変化していたとすると,移動に伴う温度の変化量は $\Delta T = \alpha \Delta x = \alpha U \Delta t$ である.したがって,

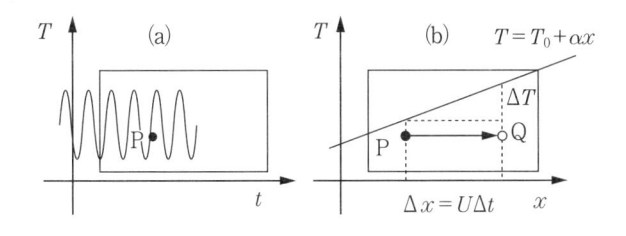

この場合の温度変化の割合は $\Delta T/\Delta t = \alpha U = \alpha \partial T/\partial x$ となる．これは後者の $\boldsymbol{v}\cdot\nabla T$ に対応する．

(4) 場の描像と粒子の描像：天気図で各地の圧力，風速・風向，温度，などを示しているのは「場の描像」である．これに対して台風の進路予想などでは，その中心がどのような経路をたどるかを示そうとしており，「粒子の描像」を意図したものとなっている．

[Q23] 変形物体の境界条件は？

(解) 物体が変形するときには，そこで速度と応力が連続でなければならない．また，この型の問題では変形する境界を決めながらそこで境界条件を当てはめる必要がでてくる．この例として水面波の問題を 4.12 節に示した．

[Q24] 流体力学でレイノルズ数のような役割をする無次元量には，他にどのようなものがあるのか？

(解) 流体力学では基礎方程式に現れる物理量について，特徴的な大きさで評価を行い，取り扱う変数を無次元にするとともにその大きさを 1 の程度にスケールして考える．その代表例がレイノルズ数である．これはナヴィエ–ストークス方程式

$$\rho \frac{D\boldsymbol{v}}{Dt} = -\nabla p + \mu \Delta \boldsymbol{v} \qquad (*)$$

の慣性項と粘性項の比で，両者の相対的な重要性を示す目安となる．つまり，物体の大きさ L，代表的な速さ U と見積もると

$$\rho \frac{D\boldsymbol{v}}{Dt} = \rho\left(\frac{\partial \boldsymbol{v}}{\partial t} + \boldsymbol{v}\cdot\nabla\boldsymbol{v}\right) \sim O\left(\rho \frac{U^2}{L}\right), \qquad \mu\Delta\boldsymbol{v} \sim O\left(\mu \frac{U}{L^2}\right)$$

となるので，

$$\frac{慣性力}{粘性力} \sim \frac{O(\rho U^2/L)}{O(\mu U/L^2)} = \frac{\rho U L}{\mu} = Re$$

となる．これがレイノルズ (Reynolds) 数である．

他の例を見てみよう．

(例1) 熱対流では流体運動を駆動する浮力が式 $(*)$ の右辺に加えられる．密度は一般に温度の関数であるが，その変化が小さい時は $\rho = \rho_0[1-\alpha(T-T_0)]$ と近似できる．いま温度分布 $T = T_0 - \beta z$ があると，鉛直方向には浮力 $[\rho_0\alpha(T-T_0)g]L^3 = \rho_0\alpha\beta z g L^3$ が働く． 他方，定常状態では，対流による単位時間あたりの輸送量 $\Delta T/\Delta t \approx \beta U$ が熱拡散と釣り合うので $\beta U \approx \kappa \Delta T \approx \kappa T/L^2$，したがって

$U \approx \kappa T/(\beta L^2)$ と見積もれる．ここで κ は熱拡散係数である．浮力による流体運動を抑えるのは粘性力 ($\approx \mu UL$) なので，両者の比

$$\frac{O([\rho_0 \alpha T g]L^3)}{O(\mu UL)} \approx \frac{[\rho_0 \alpha T g]L^3}{\mu[\kappa T/(\beta L^2)]L} = \frac{\rho_0 \alpha \beta g L^4}{\mu \kappa} = \frac{\alpha \beta g L^4}{\kappa \nu} \equiv Ra$$

が対流の発生やその強さを決める目安となる．これをレイリー (Rayleigh) 数という．また，熱対流ではこれに付随して流体の性質を表す無次元パラメータ：

$$Pr = \frac{\nu}{\kappa} = \frac{粘性拡散率}{熱拡散率} \quad \text{プラントル (Prandtl) 数}$$

もしばしば用いられる．

(例 2) 回転流ではコリオリ力 $2\rho \boldsymbol{u} \times \boldsymbol{\Omega}$ が式 (*) の右辺に加えられる．ここで $\Omega(=|\boldsymbol{\Omega}|)$ は回転角速度の大きさである．慣性力とコリオリ力の比 Ro はロスビー (Rossby) 数とよばれる：

$$\frac{慣性力}{コリオリ力} \approx \frac{O(\rho U^2/L)}{O(2\rho U \Omega)} = \frac{U}{2\Omega L} = Ro$$

これは，地球流体力学などで，自転の効果が現れるかどうかの目安として重要なパラメータである．また，回転の関係する流体運動には

$$E = \frac{\nu}{2\Omega L^2} = \frac{粘性力}{コリオリ力} \quad \text{エクマン (Eckman) 数}$$

$$Ta = \frac{\Omega L^2}{\nu} = \frac{遠心力}{粘性力} \quad \text{テイラー (Taylor) 数}$$

なども登場する．

同様にして，表面張力 σ の効果を示す

$$We = \frac{\rho U^2 L}{\sigma} = \frac{慣性力}{表面張力} \quad \text{ウェーバー (Weber) 数}$$

流体の流れと波の伝播速度の比 (式 (155) を参照) を表す

$$Fr = \frac{U}{\sqrt{gL}} = \frac{流速}{波の伝播速度} \quad \text{フルード (Froude) 数}$$

$$M = \frac{U}{a} = \frac{流速}{音速} \quad \text{マッハ (Mach) 数}$$

など．フルード数はまた慣性力 $\rho U^2/L$ と重力 ρg の比と解釈することもできる．また，カルマン渦のような周期的な変動をする流れでは，振動 (振動数 f)

の効果を示す

$$St = \frac{fL}{U} \quad \text{ストローハル (Strouhal) 数}$$

などもしばしば使われる．

[**Q25**] 実効粘性率とは何ですか？

(解) 図 23 の (a)(b) にはよく似た流体のパターン（カルマン渦）が見られる．図 (a) の実験は水（動粘性率 $0.01 \text{ cm}^2/\text{s}$），物体の直径が 3 mm，流速は 10 cm/s 程度なので $Re \approx 300$ である．これに対して図 (b) は空気中での流体現象で，島の大きさは 70 km=7×10^6cm，風速は数 10 m/s=数 10^3cm/s である．そこで，空気の分子粘性に基づく動粘性率 $0.14 \text{ cm}^2/\text{s}$ を用いると $Re \approx 5 \times 10^{10}$ となって桁が大きく異なる．その理由は，大気中の大規模な流れでは粘性（これは運動量拡散の係数という意味をもつ）が分子衝突によるものではなく，流体塊が乱れた並進運動をしながら混合していくことによって決まっていることによる．分子粘性は平均自由行程 l と分子熱運動の速さ c を用いて $\nu \propto lc$ となるので，これとの類推から実効粘性率をたとえば，$\nu^* \propto LU$(L は流体塊が衝突するまでに移動する距離，U は乱れの速度) と見積もると，$L \sim 100$ m，$U \sim 10$ m/s として $\nu^* \sim 10^3 \text{m}^2/\text{s}$ となる．この実効粘性率を用いると，図 (b) の場合にも $Re \sim$ 数 100 となる．

[**Q26**] 式 (68) から式 (69) を導け．

(解) 式 (68) に r/μ を掛け積分すると

$$r\frac{du}{dr} = -\frac{\alpha}{2\mu}r^2 + C_1$$

ただし，C_1 は積分定数である．これを

$$\frac{du}{dr} = -\frac{\alpha}{2\mu}r + \frac{C_1}{r}$$

と変形して，もう一度積分し

$$u = -\frac{\alpha}{4\mu}r^2 + C_1 \log r + C_2$$

を得る．流体の流れている円管内部で流れは有限でなければならないので $C_1 = 0$，また $r = a$ で $u = 0$ であるから $C_2 = \alpha a^2/(4\mu)$，これより式 (69a):

$$u = \frac{\alpha}{4\mu}(a^2 - r^2)$$

が得られる．一般に，流量 Q は速度 v とそれに垂直な断面積 S の積として $Q = vS$ で与えられる．今の例のように断面ごとに流速が異なる場合には，微小な断面 $\mathrm{d}S$ について流量 $\mathrm{d}Q = v\mathrm{d}S$ を求め積分すればよい．円管の場合には，半径 $r \sim r + \mathrm{d}r$ の円環上 (面積は $2\pi r \mathrm{d}r$) で速度が $u(r)$ であるから，これを $r = 0 \sim a$ で積分して

$$Q = \int_0^a 2\pi r u \mathrm{d}r = \frac{\alpha}{4\mu}\int_0^a 2\pi r(a^2 - r^2)\mathrm{d}r = \frac{\pi \alpha a^4}{8\mu}$$

を得る [式 (69b)]．

[**Q27**]　式 (71a), (71b) を導け．

(解) 付録 (G4)(G9) より $\nabla \cdot \nabla = \Delta$ および式 (61) の $\nabla \cdot \boldsymbol{v} = 0$ を考慮して式 (70) の div を計算する：

$$-\nabla \cdot (\nabla p) + \mu \nabla \cdot (\Delta \boldsymbol{v}) = -\Delta p + \mu \Delta (\nabla \cdot \boldsymbol{v}) = -\Delta p = 0$$

また，付録 (G5) より $\nabla \times \nabla = \boldsymbol{0}$ を考慮して式 (70) の rot を計算する：

$$-\nabla \times (\nabla p) + \mu \nabla \times (\Delta \boldsymbol{v}) = \mu \Delta (\nabla \times \boldsymbol{v}) = \mu \Delta \boldsymbol{\omega} = \boldsymbol{0}$$

[**Q28**]　式 (93) の導出

式 (92) の左辺は $\dfrac{D\boldsymbol{v}}{Dt} = \dfrac{\partial \boldsymbol{v}}{\partial t} + (\boldsymbol{v} \cdot \nabla)\boldsymbol{v}$ … (∗) となっているが，その右辺第 2 項の書き換えには，ベクトル 3 重積 (A6) を利用する．まず

$$\boldsymbol{A} \times (\boldsymbol{B} \times \boldsymbol{C}) = (\boldsymbol{A} \cdot \boldsymbol{C})\boldsymbol{B} - (\boldsymbol{A} \cdot \boldsymbol{B})\boldsymbol{C} \tag{28.1}$$

において，$\boldsymbol{B}$ を ∇ で置き換える：

$$\boldsymbol{A} \times (\nabla \times \boldsymbol{C}) = (\boldsymbol{A} \cdot \boldsymbol{C})\nabla - (\boldsymbol{A} \cdot \nabla)\boldsymbol{C} \tag{28.2}$$

ここで，左辺の ∇ は $\boldsymbol{C}$ にしか演算されていないことに注意する．右辺第 2 項の $(\boldsymbol{A} \cdot \nabla)\boldsymbol{C}$ では ∇ は $\boldsymbol{C}$ にしか作用しないので，このままでよいが，右辺第 1 項の $(\boldsymbol{A} \cdot \boldsymbol{C})\nabla$ の表し方では ∇ の作用する範囲が不明である．そこで $\nabla(\boldsymbol{A} \cdot \boldsymbol{C})$ とすればよさそうであるが，このままでは正しくない．なぜなら積の微分は，1 変数の例：

$$\frac{\mathrm{d}}{\mathrm{d}x}(fg) = \frac{\mathrm{d}f}{\mathrm{d}x}g + f\frac{\mathrm{d}g}{\mathrm{d}x} = \frac{\mathrm{d}}{\mathrm{d}x}(\hat{f}g) + \frac{\mathrm{d}}{\mathrm{d}x}(f\hat{g})$$

でも明らかなように,片方ずつ微分したものとの積になっているからである.ここで関数 f, g の上につけたハット $\hat{f}, \hat{g}$ は微分演算 $\mathrm{d}/\mathrm{d}x$ の作用する相手を示すものとする.この表現を使うと,

$$\nabla(\boldsymbol{A}\cdot\boldsymbol{C}) = \nabla(\hat{\boldsymbol{A}}\cdot\boldsymbol{C}) + \nabla(\boldsymbol{A}\cdot\hat{\boldsymbol{C}}) \tag{28.3}$$

であり,式 (28.2) は

$$\nabla(\boldsymbol{A}\cdot\hat{\boldsymbol{C}}) = \boldsymbol{A}\times(\nabla\times\boldsymbol{C}) + (\boldsymbol{A}\cdot\nabla)\boldsymbol{C} \tag{28.4}$$

となる.そこで,式 (28.4) の $\boldsymbol{A}$ と $\boldsymbol{C}$ の役割を替え,

$$\nabla(\hat{\boldsymbol{A}}\cdot\boldsymbol{C}) = \nabla(\boldsymbol{C}\cdot\hat{\boldsymbol{A}}) = \boldsymbol{C}\times(\nabla\times\boldsymbol{A}) + (\boldsymbol{C}\cdot\nabla)\boldsymbol{A} \tag{28.5}$$

として,式 (28.4)(28.5) を (28.3) に代入すれば

$$\nabla(\boldsymbol{A}\cdot\boldsymbol{C}) = \boldsymbol{A}\times(\nabla\times\boldsymbol{C}) + \boldsymbol{C}\times(\nabla\times\boldsymbol{A}) + (\boldsymbol{A}\cdot\nabla)\boldsymbol{C} + (\boldsymbol{C}\cdot\nabla)\boldsymbol{A} \tag{28.6}$$

を得る.われわれの例では $\boldsymbol{A} = \boldsymbol{C} = \boldsymbol{v}$ であるから,式 (28.6) から

$$\nabla(\boldsymbol{v}\cdot\boldsymbol{v}) = 2[\boldsymbol{v}\times(\nabla\times\boldsymbol{v}) + (\boldsymbol{v}\cdot\nabla)\boldsymbol{v}]$$

すなわち

$$(\boldsymbol{v}\cdot\nabla)\boldsymbol{v} = \nabla\left(\frac{1}{2}v^2\right) - \boldsymbol{v}\times(\nabla\times\boldsymbol{v})$$

を得る.これを式 (∗) に代入すれば式 (93) が得られる.

[Q29] 式 (94) の右辺が $F(t)$ となるのは?

(解) 一般に $\nabla\Psi$ がゼロであれば,どの方向にも勾配がないので $\Psi = $ 一定,つまり平坦ということになる.ただし,これは Ψ が空間変数だけによっていた $\Psi(x, y, z)$ の場合に限られる.もし $\Psi = \Psi(x, y, z, t)$ であれば,空間的には平坦であるが,その全体が時間的に変化していてもよい.したがって,$\nabla\Psi(x, y, z, t) = 0$ からは $\Psi = F(t)$ ($F(t)$ は時間の任意関数)となる.

[Q30] 式 (98a) から式 (98b) の導出

(解) これもベクトル 3 重積 (A6)

演習問題の解答　　　　　　　　　　　　117

$$A \times (B \times C) = (A \cdot C)B - (A \cdot B)C$$

を利用する．この式で A の代わりに ∇ を使い，また ∇ が B, C のそれぞれに交互に演算されることに注意する．まず B に演算される場合：

$$\nabla \times (\hat{B} \times C) = (\nabla \cdot C)\hat{B} - (\nabla \cdot \hat{B})C = (C \cdot \nabla)B - C(\nabla \cdot B)$$

同様に C に演算される場合：

$$\nabla \times (\hat{C} \times B) = (B \cdot \nabla)C - B(\nabla \cdot C) = -\nabla \times (B \times \hat{C})$$

両者を加えて

$$\therefore \quad \nabla \times (B \times C) = \nabla \times (\hat{B} \times C) + \nabla \times (B \times \hat{C})$$
$$= (C \cdot \nabla)B - C(\nabla \cdot B) - (B \cdot \nabla)C + B(\nabla \cdot C)$$

を得る．そこで $B = v, C = \omega$ とおくと

$$\nabla \times (v \times \omega) = (\omega \cdot \nabla)v - \omega(\nabla \cdot v) - (v \cdot \nabla)\omega + v(\nabla \cdot \omega)$$

さらに，式 (G7) に関連して説明したように $\nabla \cdot \omega = \nabla \cdot (\nabla \times v) = 0$ であるから，式 (98a) は

$$\frac{\partial \omega}{\partial t} = (\omega \cdot \nabla)v - \omega(\nabla \cdot v) - (v \cdot \nabla)\omega$$

すなわち

$$\frac{D\omega}{Dt} = \frac{\partial \omega}{\partial t} + (v \cdot \nabla)\omega = (\omega \cdot \nabla)v - \omega(\nabla \cdot v) \tag{98b}$$

となる．

[Q31]　式 (107) の表す半無限物体で，よどみ点の位置 $x = -a$，および無限下流での半無限物体の半径 b を求めよ．

　(解) 式 (107) から速度の x 成分を計算し，$x = -a$ で $v_x = 0$ とすると

$$v_x|_{x=-a} = \left.\frac{\partial \Phi}{\partial x}\right|_{x=-a} = \left[U + \frac{mx}{r^3}\right]_{x=-a} = U - \frac{m}{a^2} = 0, \quad \therefore \quad a = \sqrt{\frac{m}{U}}$$

を得る．また，原点から湧き出した流量 $4\pi m$ はすべて無限下流で半径 b の円筒内を流れ，そこでの流速は U となっているので

となる.

[Q32] 円柱を過ぎる流れ (123) でよどみ点の座標を求めよ.

(解) 式 (123) から複素速度を計算し, これが 0 となる点を求める. すなわち

$$w = \frac{\mathrm{d}f}{\mathrm{d}z} = U\left(1 - \frac{a^2}{z^2}\right) + \frac{i\Gamma}{2\pi z} = \frac{U}{z^2}\left(z^2 + \frac{i\Gamma}{2\pi U}z - a^2\right) = 0$$

上式を形式的に解くと

$$z = -\frac{i\Gamma}{4\pi U} \pm \sqrt{a^2 - \left(\frac{\Gamma}{4\pi U}\right)^2}$$

を得る. $\Gamma < 4\pi Ua$ では根号内が正になり, y 軸に対して対称的な点 z_1, z_2 がよどみ点となる. ここで $|z_1| = |z_2| = a$ であるから, どちらの解も円柱表面上にある. Γ が増加すると, これらのよどみ点は近づき, $\Gamma = 4\pi Ua$ で両者が一致する. さらに Γ が増加すると根号内が負になるので, 解は純虚数になる. $z_1 z_2 = -a^2$ の関係はこの場合にも成り立ち, 解は半径 a の円柱の内外に 1 つずつ存在する.

[Q33] クッタ–ジューコフスキーの定理.

式 (123) から速度場を求めると

$$w = \frac{\mathrm{d}f}{\mathrm{d}z} = U\left(1 - \frac{a^2}{z^2}\right) + \frac{i\Gamma}{2\pi z} = u - iv \qquad (*)$$

となる. 圧力分布の計算には圧力方程式 (94) を用いる. その際, いま考えている流れが定常流であり, 流れによる力に着目しているので外力も無視すると $p = \rho(-q^2/2 + 定数)$ ...(**) とすればよい. ただし q は速度の大きさで, 2 次元速度場の x, y 成分 u, v との混乱を避けるために文字を変えている. そこで, 式 (*) から円柱表面上での u, v, q を求めると

$$u = U(1 - \cos 2\theta) + \frac{\Gamma}{2\pi a}\sin\theta, \quad v = -U\sin 2\theta - \frac{\Gamma}{2\pi a}\cos\theta,$$

$$q^2 = 2U^2(1 - \cos 2\theta) + \left(\frac{\Gamma}{2\pi a}\right)^2 + \frac{2U\Gamma}{\pi a}\sin\theta \qquad (***)$$

となる. 式 (***) を (**) に代入し, 式 (124a)(124b) の積分を実行すれば, そ

れぞれ式 (125a), (125b) を得る．例えば，後者については

$$F_y = -\rho a \int_{-\pi}^{\pi} \left(\text{定数} - \frac{1}{2}q^2\right) \sin\theta \mathrm{d}\theta$$

$$= \rho a \int_{-\pi}^{\pi} \left(\theta\text{の偶関数} + \frac{U\Gamma}{\pi a}\sin\theta\right)\sin\theta \mathrm{d}\theta$$

$$= \rho a \int_{-\pi}^{\pi} \frac{U\Gamma}{\pi a}\sin^2\theta \mathrm{d}\theta = \frac{\rho U\Gamma}{\pi}\int_{-\pi}^{\pi}\frac{1-\cos 2\theta}{2}\mathrm{d}\theta = \rho U\Gamma$$

[**Q34**] クッタの条件，ジューコフスキーの仮定．

x 軸上に置かれた幅 $4a$ の平板は，ジューコフスキー変換 $z = \zeta + a^2/\zeta$ により ζ 平面上の円柱に写像される．この円柱に対して大きさ U，角度 α の一様な流れがあたるときの流れのポテンシャルは，式 (123) の z を $\zeta e^{-i\alpha}$ とすればよい．これは座標軸を ζ 面上で角度 α だけ回転したことに相当する．したがって

$$f(\zeta) = U\left(\zeta e^{-i\alpha} + \frac{a^2}{\zeta}e^{i\alpha}\right) + \frac{i\Gamma}{2\pi}\log(\zeta e^{-i\alpha}) \qquad (*)$$

これから速度場 w を計算すると

$$w = \frac{\mathrm{d}f}{\mathrm{d}z} = \frac{\mathrm{d}f/\mathrm{d}\zeta}{\mathrm{d}z/\mathrm{d}\zeta} = \left[U\left(e^{-i\alpha} - \frac{a^2}{\zeta^2}e^{i\alpha}\right) + \frac{i\Gamma}{2\pi\zeta}\right]\bigg/\left(1 - \frac{a^2}{\zeta^2}\right) \qquad (**)$$

となる．ところで，上式の分母は $\zeta = \pm a$ で 0 になる．これは速度が無限大になる可能性を意味しているが，実際には，流線は後端 ($\zeta = a$) から滑らかに剥がれている．そうであるなら，後端 ($\zeta = a$) で式 $(**)$ の分子も 0 になっている必要がある．これから

$$U\left(e^{-i\alpha} - e^{i\alpha}\right) + \frac{i\Gamma}{2\pi a} = 0, \quad \therefore \quad \Gamma = 4\pi aU\sin\alpha$$

を得る．これが条件 (127) である．

[**Q35**] ジャンボジェットの揚力：ジャンボジェットのおよその大きさは全長約 70 m，全幅 l は約 60 m，翼面積 S は約 500 m^2，最大離陸重量は約 400 t となっている．離陸時の迎え角 α を 15°として，離陸に必要な速度を計算せよ．

(解) 式 (128) は単位長さあたりの揚力であるから，長さ l の翼に働く揚力 L_{tot} は $L_{\text{tot}} = 4\pi al\rho U^2 \sin\alpha = \pi\rho U^2 S\sin\alpha$ と見積もれる．離陸時にはこの力が最大離陸重量 $W = 400$ t 重 $\approx 3.9\times 10^6$ kgm/s^2 を超える必要があるので

$$U \geqq \sqrt{\frac{W}{\pi \rho S \sin \alpha}} = \sqrt{\frac{3.9 \times 10^6}{\pi \times 1.3 \times 500 \times \sin 15°}} \approx 86 \text{ m/s}$$

となる．これは時速およそ 310 km/h に相当する．

[Q36] 式 (132a), (132b) を求めよ．

(解) 式 (131) から

$$\left(\frac{df}{dz}\right)^2 = \left(U + \frac{a_0 + ib_0}{z} + \dots\right)^2 = U^2 + \frac{2U(a_0 + ib_0)}{z} + O(z^{-2})$$

これを式 (129) に代入し，留数定理を用いて計算する．

$$F_x - iF_y = \frac{i\rho}{2} \int_C \left[U^2 + \frac{2U(a_0 + ib_0)}{z} + O(z^{-2})\right] dz$$
$$= \frac{i\rho}{2} \times 2\pi i \times 2U(a_0 + ib_0) = -2\pi \rho U(a_0 + ib_0)$$

この実部と虚部を比較して式 (132a), (132b) を得る．

[Q37] 式 (∗) を導け．

(解) 閉曲線 C に沿って循環 $\Gamma(C)$ を計算し，それが流れとともに移動する場合の変化を求めるには，式 (136) をラグランジュ微分する必要がある．したがって

$$\frac{D\Gamma}{Dt} = \frac{D}{Dt} \int_C \boldsymbol{v} \cdot d\boldsymbol{s} = \int_C \frac{D}{Dt}(\boldsymbol{v} \cdot d\boldsymbol{s}) = \int_C \frac{D\boldsymbol{v}}{Dt} \cdot d\boldsymbol{s} + \int_C \boldsymbol{v} \cdot \frac{D}{Dt}(d\boldsymbol{s})$$

ここで最右辺第 1 項にオイラー方程式 (92)（で保存力場 $\boldsymbol{K} = -\nabla \Omega$ を仮定したもの）を代入して変形する．

$$\text{第 1 項} = \int_C \frac{D\boldsymbol{v}}{Dt} \cdot d\boldsymbol{s} = -\int_C \nabla\left(\frac{p}{\rho} + \Omega\right) \cdot d\boldsymbol{s} = -\int_C d\left(\frac{p}{\rho} + \Omega\right) = -\left[\frac{p}{\rho} + \Omega\right]_C$$

ここで，一般の物理量 Q に対して

$$\int_C \nabla Q \cdot d\boldsymbol{s} = \int_C \left(\frac{\partial Q}{\partial x}dx + \frac{\partial Q}{\partial y}dy + \frac{\partial Q}{\partial z}dz\right) = \int_C dQ = [Q]_C$$

であることに注意．また，最右辺第 2 項で

$$\frac{D}{Dt}(d\boldsymbol{s}) = d\frac{D}{Dt}\boldsymbol{s} = d\boldsymbol{v}$$

($d\boldsymbol{s}$ の d は空間的に微小な長さを示すもの，D/Dt はその線分に沿っての変化

率を求めるもので，両者の演算は交換可能である）したがって，

$$\text{第 2 項} = \int_C \boldsymbol{v} \cdot \frac{D}{Dt}(\mathrm{d}\boldsymbol{s}) = \int_C \boldsymbol{v} \cdot \mathrm{d}\boldsymbol{v} = \int_C \mathrm{d}\left(\frac{v^2}{2}\right) = \left[\frac{v^2}{2}\right]_C$$

となる．これらを代入して (*) を得る．

[**Q38**] 式 (139), (140a) を解いて式 (141a) を導け．

(解) スカラーポテンシャル ϕ に着目すると，これは式 (139), (140a) から

$$\nabla \cdot \nabla \phi \, (\equiv \Delta \phi) = s(\boldsymbol{r}) \tag{38.1}$$

の解として求められることになる．式 (38.1) を解くにあたって，その特別な場合である

$$\Delta G(\boldsymbol{r}, \boldsymbol{r}') = \delta(\boldsymbol{r} - \boldsymbol{r}') \tag{38.2}$$

の解が求まったとすると

$$\phi(\boldsymbol{r}) = \int_V G(\boldsymbol{r}, \boldsymbol{r}') s(\boldsymbol{r}') dV' \tag{38.3}$$

は式 (38.1) の解になることを利用する．実際，

$$\Delta \phi(\boldsymbol{r}) = \Delta \int_V G(\boldsymbol{r}, \boldsymbol{r}') s(\boldsymbol{r}') \mathrm{d}V' = \int_V \Delta G(\boldsymbol{r}, \boldsymbol{r}') s(\boldsymbol{r}') \mathrm{d}V'$$

（Δ は $\boldsymbol{r}$ に対する演算，積分は $\boldsymbol{r}'$ で実行していることに注意）

$$= \int_V \delta(\boldsymbol{r} - \boldsymbol{r}') s(\boldsymbol{r}') \mathrm{d}V' = s(\boldsymbol{r})$$

（式 (38.2) を代入し，またデルタ関数の性質を使う）

方程式 (38.2) の解 $G(\boldsymbol{r}, \boldsymbol{r}')$ はもとの式 (38.1) のグリーン関数とよばれる．したがって，我々は式 (38.2) を解けばよいことになる．

式 (38.2) は $\boldsymbol{r} \neq \boldsymbol{r}'$ では $\Delta G = 0$ であるから，G は調和関数で表される．無限大で 0 となるような解としてもっとも簡単なものは

$$G = \frac{C}{R} = \frac{C}{|\boldsymbol{r} - \boldsymbol{r}'|} \tag{38.4}$$

である（一般には式 (38.4) を x, y, z で任意の回数微分したものもすべて調和関数になっている）．ただし，C は定数である．この定数を決めるために，式

(38.4) を (38.2) に代入し,点 $\boldsymbol{r} = \boldsymbol{r}'$ を取り囲む半径 ϵ の球領域 V_ϵ で積分する.すなわち
$$\int_{V_\varepsilon} \Delta\left(\frac{C}{R}\right) \mathrm{d}V = \int_{V_\varepsilon} \delta(\boldsymbol{r} - \boldsymbol{r}')\mathrm{d}V$$
デルタ関数の性質から右辺は 1 になる.変数変換 $\boldsymbol{R} = \boldsymbol{r} - \boldsymbol{r}'$ を行うと,左辺は

$$\int_{V_\varepsilon} \Delta\left(\frac{C}{R}\right) \mathrm{d}V = \int_{V_\varepsilon} \nabla \cdot \nabla\left(\frac{C}{R}\right) \mathrm{d}V = \int_{S_\varepsilon} \left[\nabla\left(\frac{C}{R}\right)\right]_n \mathrm{d}S$$

(第 3 辺への変形にあたりガウスの定理 (D1) を用いた)

$$= \int_{S_\varepsilon} \frac{\partial}{\partial R}\left(\frac{C}{R}\right) \mathrm{d}S = \int_{S_\varepsilon} \left(-\frac{C}{R^2}\right) \mathrm{d}S = -\frac{C}{\varepsilon^2}4\pi\varepsilon^2 = -4\pi C$$

これより $C = -1/(4\pi)$ と決まる.以上より

$$G = \frac{C}{R} = -\frac{1}{4\pi|\boldsymbol{r} - \boldsymbol{r}'|} \tag{38.5}$$

これを式 (38.3) に代入して式 (141a) を得る.

索　引

ア　行

圧力方程式　55, 77
アルキメデスの原理　33

一様流　60, 65

ウェーバー数　113
渦糸　73
渦管　74
渦定理
　　ヘルムホルツの——　74
　　ラグランジュの——　59
渦度　36, 89
渦度分布　75
渦なし　92
渦なし流れ　55
渦輪　74
運動方程式　39, 41
　　ニュートンの——　22
運動量保存則　37

エクマン数　113
エネルギー保存則　39
エラスティカの曲線　13

オイラー荷重　13
オイラー方程式　55
応力　34
応力テンソル　17

カ　行

回転　15, 35, 89
外力　23
ガウスの定理　23, 38, 87
カオス理論　53
角速度　35
カルマン渦　114

境界層　48
境界層方程式(プラントルの)　49
境界層理論(プラントルの)　4
曲率　97
曲率半径　97

クエット流　33
クッタ–ジューコフスキーの定理　70
クッタの条件　119
クロネッカーのデルタ　20, 95
クーロンの法則　76

ケルヴィンの循環定理　74

剛体　3
交代テンソル　96
勾配　83
コーシー–リーマンの関係式　64
コルモゴロフの相似則　54

サ　行

座屈　12

三斜晶系　19, 104
三方晶系　19

磁気 2 重極　63
実効粘性率　44
自由境界面　27
重力加速度　32
重力波　80
ジューコフスキーの仮定　119
循環定理 (ケルヴィンの)　74
深水波　80

吸い込み流　60
スカラー積　81
ストークス近似　46
ストークスの抵抗法則　47, 51
ストークスの定理　73, 90
ストークスレット　46
ストローハル数　114
すべりなしの条件　40
すべりの条件　40
ずれ弾性率　26

正斜方晶系　19
静水圧　32
正方晶系　19
せん断ひずみ　8

相似則
　　コルモゴロフの——　54
　　レイノルズの——　43
層流　42
速度場　33
速度ポテンシャル　59
塑性体　3
ソレノイダル　93

タ 行

対称テンソル　14
体積弾性率　8, 36
体積ひずみの波　27
体積膨張率　35
体積力　17
卵型 (ランキンの)　62
ダランベールのパラドックス　4, 70
単斜晶系　19
単純ずれ流れ　33
弾性 (体)　1, 3
弾性定数 (ラメの)　20
弾性テンソル　19

力のモーメント　8

ディアド積　93
抵抗係数　51
抵抗法則
　　ストークスの——　47, 51
　　ニュートンの——　51
テイラー級数　18
テイラー数　113
テイラー展開　14
電気 2 重極　63
テンソル　14
伝播速度　25

等軸晶系　19
動粘性率　42
等方性テンソル　95
　4 階の——　96
等方性物質　20
等ポテンシャル線　66
等ポテンシャル面　84
トリチェリの定理　56

ナ 行

ナヴィエ-ストークス方程式　4, 39, 41, 48, 112
流れの関数　64
波 (体積ひずみの, ねじれの, 微小回転の) 27

2重連結領域　69
2重湧き出し　63
ニュートンの運動方程式　22
ニュートンの抵抗法則　51
ニュートン流体　36

ねじれの波　27
粘性率　33
粘弾性体　3

ハ　行
ハーゲン–ポアズイユの法則　4, 45
波数領域　54
パスカルの原理　3, 31
発散　15, 35, 84, 86
反対称テンソル　14

非圧縮非粘性流体　4, 56, 60
ビオ–サバールの法則　76
微小回転の波　27
ひずみ速度テンソル　35
ひずみテンソル　15
ピトー管　57

複素速度　65
複素速度ポテンシャル　65
フックの法則　3, 7, 103
　　——の拡張　18
普遍平衡領域　54
フラクタル理論　5
ブラジウスの第1, 2公式　71
プラントル数　113
プラントルの境界層方程式　49
プラントルの境界層理論　4
フーリエの法則　39
フルード数　113
分散性波動　80
分子粘性率　44

平均自由行路　2

平衡状態　53
平面波　25
ベクトル積　81
ベルヌーイ–オイラーの法則　10
ベルヌーイの定理　55, 56
ヘルムホルツの渦定理　74
ヘルムホルツの定理　75
変位ベクトル　25

ポアズイユ流　52
ポアソン比　8, 26
方向余弦　17, 97
方程式
　運動の——　41
　ナヴィエ–ストークスの——　4, 39, 41, 48, 112
　連続の——　37

マ　行
マグナス効果　58
マッハ数　5, 113

面積力　17

モーメント（力の）　8

ヤ　行
ヤング率　9, 26

よどみ点　62
4階の等方性テンソル　96

ラ　行
ラグランジュの渦定理　59
ラグランジュ微分　39, 110
ラプラス演算子　92
ラメの弾性定数　20
ランキンの卵型　62

乱流　43

立方晶系　19
流線形物体　52
流体　2
流量　84

レイノルズ数　42, 112
レイノルズの相似則　43
レイリー数　113

連続体　1
連続の方程式　37

ロスビー数　113
六方晶系　19

ワ　行

湧き出し分布　75
湧き出し量　60, 86

〈memo〉

⟨ meno ⟩

著者略歴

佐野 理(さの おさむ)

1949年 茨城県に生まれる
1977年 東京大学大学院理学系研究科博士課程修了
現　在 東京農工大学大学院共生科学技術研究院教授
　　　 理学博士

朝倉物理学選書 5
連 続 体 物 理　　　　　　　定価はカバーに表示

2008年6月10日　初版第1刷

著　者　佐　野　　　理
発行者　朝　倉　邦　造
発行所　株式会社 朝 倉 書 店

東京都新宿区新小川町6-29
郵便番号　162-8707
電　話　03(3260)0141
Ｆ Ａ Ｘ　03(3260)0180
http://www.asakura.co.jp

〈検印省略〉

© 2008　〈無断複写・転載を禁ず〉　　　中央印刷・渡辺製本

ISBN 978-4-254-13760-6　C 3342　　　Printed in Japan

森岡茂樹・青木一生・佐野　理・石井隆次・芹澤昭示・三浦宏之・湯　晋一・大西善元著
流体力学シリーズ2
混 相 流 体 の 力 学
13652-4　C3342　　　　A5判 232頁 本体4500円

気相，液相，固相が混在して相互作用しながら運動している混合体"混相流体"の形態，現象，特徴などを力学の立場からわかりやすく解説した。〔内容〕混相流体とは／混相流における素過程／基礎方程式／流れの基本的性質／種々の流れ

同志社大 水島二郎・鳥取大 藤村　薫著
流体力学シリーズ5
流 れ の 安 定 性
13655-5　C3342　　　　A5判 240頁 本体4500円

流体は定常流から乱流へと大きな変化を伴うが，安定性という観点から体系的に再整理をはかった待望の書。〔内容〕流れの不安定性とパターンの変化／不安定性と解の分岐／平行定常流の安定性／平面ポワズイユ流／急拡大部をもつ管路流れ

前慶大 川口光年著
基礎の物理1
力　　　　　　　　　学
13581-7　C3342　　　　A5判 200頁 本体2900円

大学教養課程の学生向きに，質点・剛体の力学を，多くの例題から興味深く十分に会得できるように解説した。〔内容〕力学量と単位／ベクトル運動学／力とつりあい／運動の法則／運動方程式の変形／相対運動／質点系の運動／剛体の力学／振動

前慶大 松信八十男著
基礎の物理2
変 形 と 流 れ の 力 学
13582-4　C3342　　　　A5判 232頁 本体3600円

連続体力学の好入門書。〔内容〕物質の連続性／ベクトルとテンソル／連続体の運動学／応力とつりあい／構成方程式／場の方程式／等方性フック弾性体／流体力学の基礎／ナビエ-ストークス方程式／流れの場の近似解／粘性の無視できる流れ

前東工大 日野幹雄著
理工学基礎講座16
流　　体　　力　　学
13517-6　C3342　　　　A5判 288頁 本体4800円

大学理工系初年級学生を対象に，流体力学の基本的事項について，難解な数学的手法をさけ，図や写真を豊富にとり入れて，物理的意味を十分会得できるよう平易に解説。〔内容〕完全流体の力学／粘性流体の力学／乱れと乱流拡散／相似律／他

前東工大 日野幹雄著
流　　体　　力　　学
20066-9　C3050　　　　A5判 496頁 本体7900円

魅力的な図や写真も多用し流体力学の物理的意味を十分会得できるよう懇切ていねいに解説し，流体力学の基本図書として高い評価を獲得（土木学会出版賞受賞）している。〔内容〕I.完全流体の力学／II.粘性流体の力学／III.乱流および乱流拡散

名工大 後藤俊幸著
乱 流 理 論 の 基 礎
13074-4　C3042　　　　A5判 244頁 本体4200円

乱流の技術的応用が進んでいる現在，その基礎となる統計理論に基づいて体系的に解説。〔内容〕乱流場の数学的記述／乱流の現象論／乱流の準正規理論／直接相互作用近似／ラグランジュ的くりこみ近似／くりこみ群／乱流の間欠性／付録

京大 木田重雄・岡山大 柳瀬眞一郎著
乱　　流　　力　　学
20095-9　C3050　　　　A5判 464頁 本体7800円

乱流力学の体系的定本。〔内容〕流体の動力学(流れの基礎方程式，等)／乱流の統計力学(一様乱流，乱流輸送，等)／渦構造の力学(渦力学，一様・非一様乱流の渦構造，等)／乱流の計算法(乱流の計算と渦粘性，各種シミュレーション，等)

横国大 栗田　進・横国大 小野　隆著
基礎からわかる物理学1
力　　　　　　　　　学
13751-4　C3342　　　　A5判 208頁 本体3200円

理学・工学を学ぶ学生に必須な力学を基礎から丁寧に解説。〔内容〕質点の運動／運動の法則／力と運動／仕事とエネルギー／回転運動と角運動量／万有引力と惑星／2質点系の運動／質点系の力学／剛体の力学／弾性体の力学／流体の力学／波動

東大 土井正男著
物理の考え方2
統　　計　　力　　学
13742-2　C3342　　　　A5判 240頁 本体3000円

古典統計に力点。〔内容〕確率の統計の考え方／孤立系における力学状態の分布／温度とエントロピー／(グランド)カノニカル分布とその応用／量子統計／フェルミ分布とボーズ-アインシュタイン分布／相互作用のある系／相転移／ゆらぎと応答

戸田盛和著
物理学30講シリーズ1
一 般 力 学 30 講
13631-9 C3342　　A5判 208頁 本体3800円

力学の最も基本的なところから問いかける。〔内容〕力の釣り合い／力学的エネルギー／単振動／ぶらんこの力学／単振り子／衝突／惑星の運動／ラグランジュの運動方程式／最小作用の原理／正準変換／断熱定理／ハミルトン-ヤコビの方程式

戸田盛和著
物理学30講シリーズ2
流 体 力 学 30 講
13632-6 C3342　　A5判 216頁 本体3800円

多くの親しみやすい話題と有名なパラドックスに富む流体力学を縮まない完全流体から粘性流体に至るまで解説。〔内容〕球形渦／渦糸／渦列／粘性流体の運動方程式／ポアズイユの流れ／ストークスの抵抗／ずりの流れ／境界層／他

前上智大笠　耐・香川大笠　潤平訳
物 理 ポ ケ ッ ト ブ ッ ク
13095-9 C3042　　A5判 388頁 本体5800円

物理の基本概念―力学，熱力学，電磁気学，波と光，物性，宇宙―を1項目1頁で解説。法則や公式が簡潔にまとめられ，図面も豊富な板書スタイル。備忘録や再入門書としても重宝する，物理系・工学系の学生・教師必携のハンドブック

前神奈川大 桜井邦朋著
物 理 学 の 考 え 方
―物理的発想の原点を探る―
13060-7 C3042　　A5判 256頁 本体4800円

あらゆる自然科学分野をとり入れるまでに発展した物理学について，その考え方，特に物理的発想とはどのようなものかを，物理学の歴史の中から種々の題材を選び語る。物理学史としての側面をもつとともに，研究者の思考過程をも開示する

前学習院大 江沢　洋著
現 代 物 理 学
13068-3 C3042　　A5判 584頁 本体7000円

理論物理学界の第一人者が，現代物理学形成の経緯を歴史的な実験装置や数値も出しながら具象的に描き出すテキスト。数式も出てくるが，その場所で丁寧に説明しているので，予備知識は不要。この一冊で力学から統一理論にまで辿りつける！

前阪大 大塚穎三著
教 養 の 物 理 学
13032-4 C3042　　A5判 144頁 本体2500円

文科系大学初学年を主対象に著者独特のイラストを用いてやさしく解説。〔内容〕ニュートンのどうどうめぐりと慣性の法則／壇ノ浦合戦とガリレオ変換／エネルギー保存則が破れる？／オームの法則は雨だれとともに／電子が振子になる話／他

前阪大 大塚穎三著
リ フ レ ッ シ ュ 物 理 学
13064-5 C3042　　A5判 184頁 本体3600円

永年にわたり物理教育・研究に携わり従来の物理教育の脱皮を願う著者が，豊富な経験を基に物理学のエレメントを熱意を込めて解説。〔内容〕物理通則としての運動の法則／流体・弾性体・剛体／静電界からマックスウェルの方程式まで／他

前日大 兼松和男編著
物 理 学
13030-0 C3042　　A5判 192頁 本体3400円

物理量，法則などの定式化とその数学的取扱いに重点をおいて解説。〔内容〕力学（運動，仕事とエネルギー，剛体，他）／熱力学（第1法則，第2法則，他）／電磁気学（導体，誘電体，磁性体，他）／波動・音・光／近代物理学（量子力学，他）

前千葉工大 大沼　甫・千葉工大 相川文弘・
千葉工大 鈴木　進著
は じ め か ら の 物 理 学
13089-8 C3042　　A5判 216頁 本体2900円

大学理工系の初学年生のために高校物理からの連続性に配慮した教科書。〔内容〕物体の運動／力と運動の法則／運動とエネルギー／気体の性質と温度，熱／静電場／静磁場／電磁誘導と交流／付録：次元と単位／微分／ラジアンと三角関数／他

阪大 廣岡正彦著
物 理 学 序 説
―質点力学・熱力学―
13059-1 C3042　　A5判 208頁 本体3400円

理科系教養課程の教科書〔内容〕ベクトル／ニュートンの運動法則／ガリレイの相対性原理／重力場のなかの質点の運動／仕事とエネルギー／中心力と角運動量保存則／非慣性系／調和振動，連成振動／熱力学第1，第2法則／熱力学ポテンシャル

◈ 基礎物理学シリーズ ◈

清水忠雄・矢崎紘一・塚田 捷 編集

東大 山崎泰規 著
基礎物理学シリーズ1
力　　　学　　　I
13701-9　C3342　　A5判　168頁　本体2700円

現象の近似的把握と定性的理解に重点をおき，考える問題をできる限り具体的に解説した書〔内容〕運動の法則と微分方程式／1次元の運動／1次元運動の力学的エネルギーと仕事／3次元空間内の運動と力学的エネルギー／中心力のもとでの運動

前東大 福山秀敏・東大 小形正男 著
基礎物理学シリーズ3
物　理　数　学　I
13703-3　C3342　　A5判　192頁　本体3500円

物理学者による物理現象に則った実践的数学の解説書〔内容〕複素関数の性質／複素関数の微分と正則性／複素積分／コーシーの積分定理の応用／等角写像とその応用／ガンマ関数とベータ関数／量子力学と微分方程式／ベッセルの微分方程式／他

前東大 塚田 捷 著
基礎物理学シリーズ4
物　理　数　学　II
―対称性と振動・波動・場の記述―
13704-0　C3342　　A5判　260頁　本体4300円

様々な物理数学の基本的コンセプトを，総体として相互の深い連環を重視しつつ述べることを目的〔内容〕線形写像と2次形式／群と対称操作／群の表現／回転群と角運動量／ベクトル解析／変分法／偏微分方程式／フーリエ変換／グリーン関数他

農工大 佐野 理 著
基礎物理学シリーズ12
連　続　体　力　学
13712-5　C3342　　A5判　216頁　本体3500円

連続体力学の世界を基礎・応用，1次元～3次元，流体・弾性体，要素変数の多い・少ない，などの観点から整然と体系化して解説．〔内容〕連続体とその変形／弾性体を伝わる波／流体の粘性と変形／非圧縮粘性流体の力学／水面波と液滴振動／他

千葉大 夏目雄平・千葉大 小川建吾 著
基礎物理学シリーズ13
計　算　物　理　I
13713-2　C3342　　A5判　160頁　本体3000円

数値計算技法に止まらず，計算によって調べたい物理学の関係にまで言及〔内容〕物理量と次元／精度と誤差／方程式の根／連立方程式／行列の固有値問題／微分方程式／数値積分／乱数の利用／最小2乗法とデータ処理／フーリエ変換の基礎

千葉大 夏目雄平・千葉大 植田 毅 著
基礎物理学シリーズ14
計　算　物　理　II
13714-9　C3342　　A5判　176頁　本体3200円

実践にあたっての大切な勘所を明示しながら詳説〔内容〕デルタ関数とグリーン関数／グリーン関数と量子力学／変分法／汎関数／有限要素法／境界要素法／ハートリー-フォック近似／密度汎関数／コーン-シャム方程式と断熱接続／局所近似

千葉大 夏目雄平・千葉大 小川建吾・千葉工大 鈴木敏彦 著
基礎物理学シリーズ15
計　算　物　理　III
―数値磁性体物性入門―
13715-6　C3342　　A5判　160頁　本体3200円

磁性体物理を対象とし，基礎概念の着実な理解より説き起こし，具体的な計算手法・重要な手法を詳細に解説〔内容〕磁性体物性物理学／大次元行列固有値問題／モンテカルロ法／量子モンテカルロ法：理論・手順・計算例／密度行列繰込み群／他

駿台予備学校 山本義隆・明大 中村孔一 著
朝倉物理学大系1
解　析　力　学　I
13671-5　C3342　　A5判　328頁　本体5600円

満を持して登場する本格的教科書．豊富な例題を通してリズミカルに説き明かす．本巻では数学的準備から正準変換までを収める．〔内容〕序章―数学的準備／ラグランジュ形式の力学／変分原理／ハミルトン形式の力学／正準変換

駿台予備学校 山本義隆・明大 中村孔一 著
朝倉物理学大系2
解　析　力　学　II
13672-2　C3342　　A5判　296頁　本体5800円

満を持して登場する本格的教科書．豊富な例題を通してリズミカルに説き明かす．本巻にはポアソン力学から相対論的力学までを収める．〔内容〕ポアソン括弧／ハミルトン-ヤコビの理論／可積分系／摂動論／拘束系の正準力学／相対論的力学

R.M.ベサンコン編
池田光男・大沼　甫・深井　有監訳

物　理　学　大　百　科

13041-6 C3542　　　　B 5 判 1156頁 本体52000円

物理学の領域から350語を厳選し，アメリカ，イギリス，カナダ，日本などの著名物理学者300名によりそれぞれの専門分野の語をわかりやすく詳細に解説したユニークな事典。The Encyclopedia of Physics（第 3 版，Van Nostrand社）の邦訳。〔収録分野〕歴史／測定／記号・単位／相対論／熱学／光学／音響学／量子力学／原子・分子／素粒子・原子核／放射線／加速器／量子エレクトロニクス／エレクトロニクス／半導体／情報／統計力学／宇宙物理学／生物物理学／数理物理学／他

C.P.プール著
理科大鈴木増雄・理科大鈴木　公・理科大鈴木　彰訳

現代物理学ハンドブック

13092-8 C3042　　　　A 5 判 448頁 本体14000円

必要な基本公式を簡潔に解説したJohn Wiley社の"The Physics Handbook"の邦訳。〔内容〕ラグランジアン形式およびハミルトニアン形式／中心力／剛体／振動／正準変換／非線型力学とカオス／相対性理論／熱力学／統計力学と分布関数／静電場と静磁場／多重極子／相対論的電気力学／波の伝播／光学／放射／衝突／角運動量／量子力学／シュレディンガー方程式／1 次元量子系／原子／摂動論／流体と固体／固体の電気伝導／原子核／素粒子／物理数学／訳者補章：計算物理の基礎

H.J.グレイ・A.アイザックス編
前東大清水忠雄・上智大清水文子監訳

ロングマン 物 理 学 辞 典（原書 3 版）

13072-0 C3542　　　　A 5 判 824頁 本体27000円

定評あるLongman社の"Dictionary of Physics"の完訳版。原著の第 1 版は1958年であり，版を重ね本書は第 3 版である。物理学の源流はイギリスにあり，その歴史を感じさせる用語・解説がベースとなり，物理工学・電子工学の領域で重要語となっている最近の用語も増補されている。解説も定義だけのものから，1 ページを費やし詳解したものも含む。また人名用語も数多く含み，資料的価値も認められる。物理学だけにとどまらず工学系の研究者・技術者の座右の書として最適の辞典

日中英用語辞典編集委員会編

日中英対照物理用語辞典（普及版）

13096-6 C3542　　　　A 5 判 528頁 本体9800円

日本・中国・欧米の物理を学ぶ人々および物理工学に関係する人々に役立つよう，頻繁に使われる物理用語約5000語を選び，日中英，中日英，英日中の順に配列し，どこからでも用語が探し出せるよう図った。〔内容〕物理一般／力学／電磁気／物理数学／相体論／連続体物理／光学／量子論／振動，波動／素粒子／原子核／宇宙・地球物理／放射線／電子工学／計算機／熱力学／統計力学／物性物理／磁性体／半導体／結晶／超伝導／表面物理／X線／量子エレクトロニクス／その他

日本物理学会編

物 理 デ ー タ 事 典

13088-1 C3542　　　　B 5 判 600頁 本体25000円

物理の全領域を網羅したコンパクトで使いやすいデータ集。応用も重視し実験・測定には必携の書。〔内容〕単位・定数・標準／素粒子・宇宙線・宇宙論／原子核・原子・放射線／分子／古典物性（力学，熱物性量，電磁気・光，燃焼，水，低温の窒素・酸素，高分子，液晶）／量子物性（結晶・格子，電荷と電子，超伝導，磁性，光，ヘリウム）／生物物理／地球物理・天文・プラズマ（地球と太陽系，元素組成，恒星，銀河と銀河団，プラズマ）／デバイス・機器（加速器，測定器，実験技術，光源）他

理科大 鈴木増雄・大学評価・学位授与機構 荒船次郎・
理科大 和達三樹編

物　理　学　大　事　典

13094-2　C3542　　　　B 5 判　896頁　本体36000円

物理学の基礎から最先端までを視野に，日本の関連研究者の総力をあげて1冊の本として体系的に解説をなした金字塔。21世紀における現代物理学の課題と情報・エネルギーなど他領域への関連も含めて歴史的展開を追いながら明快に提起。〔内容〕力学／電磁気学／量子力学／熱・統計力学／連続体力学／相対性理論／場の理論／素粒子／原子核／原子・分子／固体／凝縮系／相転移／量子光学／高分子／流体・プラズマ／宇宙／非線形／情報と計算物理／生命／物質／エネルギーと環境

北大 新井朝雄著

現代物理数学ハンドブック

13093-5　C3042　　　　A 5 判　736頁　本体18000円

辞書的に引いて役立つだけでなく，読み通しても面白いハンドブック。全21章が有機的連関を保ち，数理物理学の具体例を豊富に取り上げたモダンな書物。〔内容〕集合と代数的構造／行列論／複素解析／ベクトル空間／テンソル代数／計量ベクトル空間／ベクトル解析／距離空間／測度と積分／群と環／ヒルベルト空間／バナッハ空間／線形作用素の理論／位相空間／多様体／群の表現／リー群とリー代数／ファイバー束／超関数／確率論と汎関数積分／物理理論の数学的枠組みと基礎原理

東大 吉岡大二郎著
朝倉物理学選書1

力　　　　　学

13756-9　C3342　　　　A 5 判　180頁　本体2300円

物体間にはたらく力とそれによる運動との関係を数学をきちんと使いコンパクトに解説。初学者向け演習問題あり。〔内容〕歴史と意義／運動の記述／運動法則／エネルギー／いろいろな運動／運動座標系／質点系／剛体／解析力学／ポアソン括弧

前電通大 伊東敏雄著
朝倉物理学選書2

電　磁　気　学

13757-6　C3342　　　　A 5 判　248頁　本体2800円

基本法則からわかりにくい単位系，さまざまな電磁気現象までを平易に解説。初学者向け演習問題あり。〔内容〕歴史と意義／電荷と電場／導体／定常電流／オームの法則／静磁場／ローレンツ力／誘電体／磁性体／電磁誘導／電磁波／単位系／他

首都大 岡部　豊著
朝倉物理学選書4

熱・統　計　力　学

13759-0　C3342　　　　A 5 判　152頁　本体2400円

広範な熱力学・統計力学をコンパクトに解説。対象は理工系学部生以上。〔内容〕歴史と意義／熱力学第1法則／熱力学第2法則／ボルツマンの原理／量子統計／フェルミ統計／ボース統計／ブラウン運動／線形応答／雑音／ボルツマン方程式／他

高エネルギー加速器研究機構 小玉英雄著
朝倉物理学選書6

相　対　性　理　論

13761-3　C3342　　　　A 5 判　148頁　本体2300円

解釈の難しい相対性理論を簡潔に解説。〔内容〕歴史と意義／特殊相対性理論／ミンコフスキー時空／特殊相対性理論／ローレンツ群とスピノール／曲がった時空／一般相対性理論／重力場の方程式／重力波／ブラックホール／相対論的宇宙モデル

東北大 倉本義夫・東北大 江澤潤一著
現代物理学［基礎シリーズ］1

量　子　力　学

13771-2　C3342　　　　A 5 判　232頁　本体3400円

基本的な考え方を習得し，自ら使えるようにするため，正確かつ丁寧な解説と例題で数学的な手法をマスターできる。基礎事項から最近の発展による初等的にも扱えるトピックを取り入れ，量子力学の美しく，かつ堅牢な姿がイメージされる書。

東北大 川勝年洋著
現代物理学［基礎シリーズ］4

統　計　物　理　学

13774-3　C3342　　　　A 5 判　180頁　本体2900円

統計力学の基本的な概念から簡単な例題について具体的な計算を実行しつつ種々の問題を平易に解説。〔内容〕序章／熱力学の基礎事項の復習／統計力学の基礎／古典統計力学の応用／理想量子系の統計力学／相互作用のある多体系の協力現象／他

上記価格（税別）は 2008 年 5 月現在